データマイニングによる
異常検知

Anomaly Detection with Data Mining
Yamanishi Kenji

山西健司 著

共立出版

はじめに

　リアルワールド（現実世界），サイバーワールド（Web上の世界）の両方にわたって情報が大量に溢れ，これを何とか活用しなければならない，といったニーズが拡大している．データマイニングとは，大量なデータを掘り起こし，有用な知識を発見するための技術である．つまり，まさに上述のニーズに真っ向から対応する技術である．

　ところで，「有用な知識」とは何であろうか？　大量のデータを処理して何を見せてくれたら我々は嬉しいのであろうか？

　筆者はデータに埋もれる「有用な知識」は大きく2つあると考える．1つはデータのもつ規則性であり，もう1つはデータに潜む異常である．特に後者──「異常」──を発見することの産業上のインパクトは極めて高い．なぜなら，それは様々なリスクの回避につながるからである．詐欺のリスク，不正のリスク，侵入のリスク，障害のリスク，故障のリスク，など様々なリスクはデータの上での異常を伴う．このようなリスクを早期に検出し，原因を追求することの意義は計り知れない．

　筆者は，企業にて20年以上研究開発に携わってきた．企業では研究テーマを設定する際に「何にどう役に立つのか？」「どのような事業に結びつくのか？」を徹底的に検討させられる．筆者が企業の中でデータマイニングの研究を立ち上げたときも，単に，大量データから知識を発見できます，では当然通用しな

い．しかしながら，その中にあって，異常検知については広い範囲にわたってビジネスに貢献できる確かな感触をもっていた．実際に，システム運用，セキュリティ，マーケティング，製造などの数多くの現場で，異常検知が価値を生み出すチャンスが無限に広がっていたのである．こうした動機から，この分野の研究開発を10年以上も手がけることになった．自分なりに異常検知の学問体系を作りたい，これを基にしたビジネスを創出したい，という思いで続けてきたのである．そして「異常検知がビジネスの価値を生み出す」といった手応えは今では一層強くなっている．

本書は，筆者が上述のようなモチベーションで取り組んできた異常検出の分野について，1つの方法論を提示するものである．本書には以下の特徴をもたせた．

1. 異常検出を行うための根本的かつ原理的な点を，できるだけ数理的に記述し，統一的な視点が得られるようにした．それは，「情報論的学習理論」と呼ばれる，情報理論・統計学に基づく機械学習へのアプローチからの視点である．反面，プラクティカルな方法を詳細に記述したり，網羅的かつ総花的にこの分野の技術方法を列挙することは避けた．むしろ，芯の通った，異常検知に取り組む1つの姿勢が本書によって伝わるといってよい．
2. 本書の理論に基づいて，企業の現場で数々の実証に取り組んだ成果も，差し支えない範囲でできるだけ多く紹介した．まさにデータマイニングの1つの理論体系が現実に「生きている」実態を豊富な事例の下に示した．

異常検知は，産業上の広い応用性があるだけでなく，それ自体，学問的にも深さと広がりをもっている．そもそも「異常とは何か？」「それをいかにして数理的にモデル化するか？」「それをいかに現場で役に立てるか？」を考えるところに，醍醐味が満ち溢れているのである．本書は，そういった部分の面白さを惜しみなく記した．そもそも本書の意図は「深い理論（数理工学的基礎）が現実に役に立つ」ことを伝えることにある．

本書を読み進める上での事前知識としては，確率論や統計学の基礎的知識を仮定している．データマイニングの基礎は機械学習であり，機械学習の基礎は統計理論であるからである．機械学習に関しても，初等的な知識があればなお

良い．実際，本書の中では機械学習の中でも先端の理論を駆使している．ただし，理論の核となる部分に関しては，別途紙面を割いて，その数学的基礎だけを概説しているので，機械学習に関しては予備知識がなくてもかまわない．むしろ，「異常検知」という分野への知的好奇心があれば，読み切れると信じている．

また，本書は，異常検知の方法と実際を記しているが，ここにかいてある方法論をそのまま実装するつもりで読んではいけない．実装や実適用には多大なノウハウやチューニングが必要であり，そのような記述は煩雑になるため本書では省略しているからである．むしろ，異常検知に対する基礎的な方法論や哲学をを吸収するつもりで読んでいただきたい．そして，そこに関わる多くの数理的基礎技術の 1 つ 1 つが，異常検出という問題を通じて有機的につながり，組み合わせることで，現実問題をみごとに解決できるのだ，というところを感じてほしい．数学はそれ自体がアート（芸術）であるが，現実問題を解決できる数理工学的側面もまた高度なアートであるのだから．

本書の構成

第 1 章では，本書で扱う異常検知の問題の意義を説明する．データマイニングにおける異常検知の位置づけを与えるとともに，異常検知のモチベーションをセキュリティ，障害検出・故障検出，詐欺検出といった具体的視点から与える．

第 2 章では，本書の異常検知に対する基本的考え方を示す．それは確率モデルの学習とそれに基づくデータの異常度合いのスコアリングのプロセスとして統一的に与えられる．本書では統計的モデルの分類により異常検出の問題を，**外れ値検出**，**変化点検出**，**異常行動検出**といった 3 つの基本問題に分類することを示す．続く第 3, 4, 5 章がその詳細の説明にあたる．

第 3 章では，第 1 の問題である**外れ値検出**を扱う．侵入検出を動機づけとして本問題を導入する．次に，従来手法として，マハラノビス距離に基づく外れ値検出を紹介し，この問題点を解決する手段として，適応的外れ値検出手法である **SmartSifter** を紹介する．SmartSifter の原理とアルゴリズムの詳細について解説した後，その侵入検出問題，不審医療データ検出問題への応用例を示

す．また，アンサンブル学習と呼ばれる手法によって異常検出の精度を増強できることを示す．さらに，異常検出の結果得られた異常データのパタンをルール形式で知識化する方法を示す．最後に，外れ値検出の分野に関するトレンドを概説する．

第 4 章では，第 2 の問題である**変化点検出**を扱う．未知ウイルスの早期検出を動機づけとして本問題を導入する．次に，従来手法として，統計的検定に基づく変化点検出を紹介し，この問題点を解決する手段として，時系列の 2 段階学習に基づく変化点検出手法である **ChangeFinder** を紹介する．ChangeFinder の原理とアルゴリズムの詳細について解説した後，その応用例として，未知攻撃の検知や東証株価指数の変化点検知を示す．最後に，変化点検出の分野のトレンドを示す．

第 5 章では，第 3 の問題である**異常行動検出**を扱う．サイバー犯罪の検出を動機づけとして本問題を導入する．次に，従来手法として，ナイーブベイズ法に基づく異常行動検出を紹介し，この問題点を解決する手段として，適応的異常行動検出手法である **AccessTracer** を紹介する．AccessTracer の原理とアルゴリズムの詳細について解説した後，そのなりすまし検出や障害検出への応用例について示す．最後に，異常行動検出の分野のトレンドを示す．

第 6, 7 章は第 3, 4, 5 章の基本問題をより拡張させた発展問題として位置づけられる．

第 6 章では，同一データに対して上述の変化点検出と異常行動検出を組み合わせて異常検出を行う方法である**集合型異常検知**を扱う．ここで，データの定量的側面を利用して変化点検出を，データの定性的性質を利用して異常行動検出を行い，そのスコアを統合する．Web 攻撃検知への応用例を示す．

第 7 章では，これまでの異常検知を顕在的異常の検知として，**潜在的異常の検知**を行う方法を扱う．これはデータの確率モデルに含まれる潜在変数のダイナミクスに対して異常検出を行うものである．なりすまし検出への応用を示す．

第 8 章では，本書の理論的基礎となる**情報論的学習理論**とその周辺について，本書に必要な数学的概念のみを取り上げ，これを詳しく説明する．その内容は，EM アルゴリズムと忘却型アルゴリズム，モデル選択，動的モデル選択，拡張型確率的コンプレキシティなどにわたる．

はじめに v

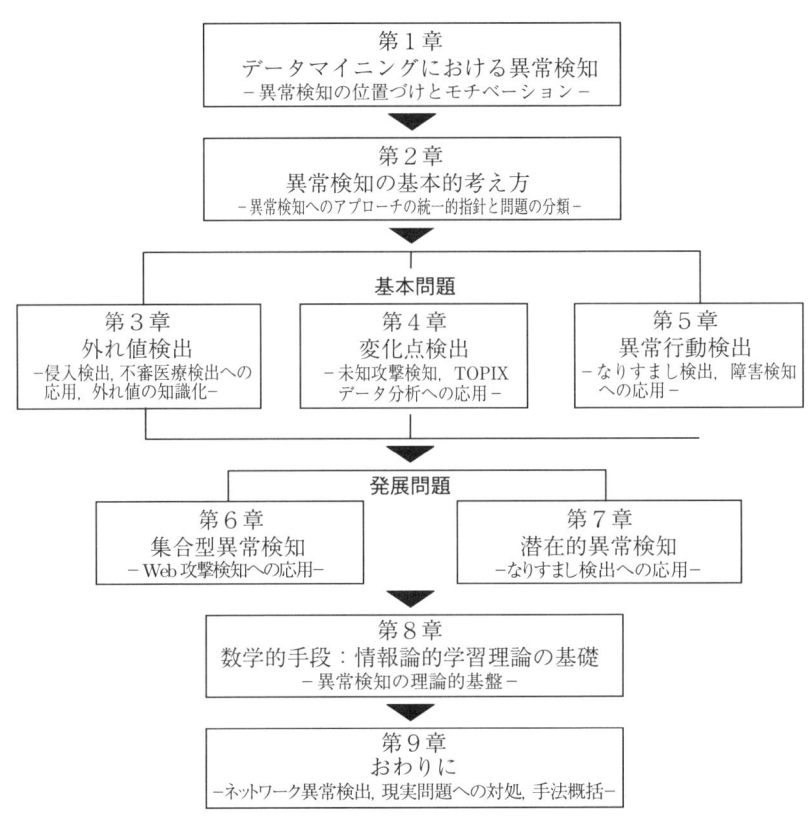

本書の構成

第9章では，今後発展する問題としてネットワーク異常検出の問題を取り上げて簡単に動向を紹介した後，現実の問題に対処するためのポイントに触れ，最後に本書の問題と解決手法を概括して締めくくる．

以上で説明した本書の構成を模式的に示したのが上図である．

謝辞

本書は，主に筆者がすでに発表した論文の内容を中心に構成されている．それらの論文の共著者との共同研究なしには本書は生まれなかった．以下の共

同研究者の方々に深く感謝いたします．竹内純一氏（当時：日本電気株式会社 (NEC)，現：九州大学），Graham Williams 氏 (CSIRO)，Peter Milne 氏（当時 CSIRO），丸山祐子氏（当時：日本電気株式会社 (NEC)，現：野村證券株式会社），広瀬俊亮氏（日本電気株式会社 (NEC)），山形昌也氏（日本電気株式会社 (NEC)），岩井博樹氏（LAC 株式会社）．

また，本書出版にあたり共立出版をご紹介いただきました杉原厚吉先生（当時：東京大学，現：明治大学）に深謝いたします．とともに，本原稿を丁寧に読んでコメントいただいた櫻井瑛一氏（東京大学）に感謝いたします．

目　次

第1章 データマイニングにおける異常検知 ... 1
  1.1 異常検知の位置づけ ... 1
  1.2 セキュリティ分野からの要請 ... 3
  1.3 障害検出・故障診断からの要請 ... 5
  1.4 詐欺検出からの要請 ... 7

第2章 異常検知の基本的考え方 ... 8

第3章 外れ値検出 ... 11
  3.1 侵入検知と外れ値検出 ... 11
  3.2 マハラノビス距離に基づく外れ値検出 ... 13
  3.3 外れ値検出エンジン SmartSifter ... 15
    3.3.1 SmartSifter の基本原理 ... 15
    3.3.2 SDLE アルゴリズム ... 19
    3.3.3 SDEM アルゴリズム ... 20
    3.3.4 SDPU アルゴリズム ... 24
  3.4 外れ値検出の応用例 ... 27
    3.4.1 ネットワーク侵入検出への応用 ... 27

viii　目　次

　　　　3.4.2　不審医療データの検出への応用 29
　3.5　アンサンブル学習に基づく外れ値検出の強化 32
　3.6　外れ値検出からセキュリティ知識の発見へ 33
　　　　3.6.1　外れ値フィルタリングルールの生成 33
　　　　3.6.2　確率的決定リストの学習 36
　　　　3.6.3　ネットワーク侵入検出への応用 41
　3.7　外れ値検出の動向 44

第 4 章　変化点検出　　　　　　　　　　　　　　　　　　　　　45
　4.1　未知ウイルスの早期検知と変化点検出 45
　4.2　統計的検定に基づく変化点検出 46
　4.3　変化点検出エンジン ChangeFinder 48
　　　　4.3.1　ChangeFinder の基本原理 48
　　　　4.3.2　SDAR アルゴリズム 51
　4.4　変化点検出の応用例 54
　　　　4.4.1　攻撃検知への応用その 1：MS.Blast 54
　　　　4.4.2　攻撃検知への応用その 2：LOVGATE 55
　　　　4.4.3　階層的変化点検出に基づく DDOS 攻撃の検知 56
　　　　4.4.4　東証株価指数の変化点検出 57
　4.5　変化点検出の動向 58

第 5 章　異常行動検出　　　　　　　　　　　　　　　　　　　　　59
　5.1　サイバー犯罪の検出と異常行動検出 59
　5.2　ナイーブベイズ法による異常行動検出 60
　5.3　異常行動検出エンジン AccessTracer 62
　　　　5.3.1　AccessTracer の基本原理 62
　　　　5.3.2　行動モデリング 64
　　　　5.3.3　SDHM アルゴリズム 68
　　　　5.3.4　動的モデル選択 70
　　　　5.3.5　異常スコアリング 74

5.4	異常行動検出の応用例	79
	5.4.1 なりすまし検出への応用	79
	5.4.2 syslogからの障害検出への応用1：問題設定と前処理	81
	5.4.3 syslogからの障害検出への応用2：障害予兆検出	83
	5.4.4 syslogからの障害検出への応用3：新障害パタンの同定	86
	5.4.5 syslogからの障害検出への応用4：障害の相関分析	88
5.5	異常行動検出の動向	91

第6章 集合型異常検知　93

6.1	Web攻撃検知と集合型異常検知	93
6.2	集合型異常検知の基本原理	94
6.3	集合型異常検知の応用例：Web攻撃検知	97
6.4	Web攻撃検知の動向	100

第7章 潜在的異常検知　101

7.1	潜在的異常とは？	101
7.2	潜在的異常検知の基本原理	103
7.3	モデル変動ベクトルの解釈	108
7.4	潜在的異常検知の応用例	111
	7.4.1 実験の設定	111
	7.4.2 人工データへの適用	112
	7.4.3 なりすまし検出への適用	114

第8章 数学的手段：情報論的学習理論とその周辺　118

8.1	EMアルゴリズムとオンライン忘却型学習アルゴリズム	118
8.2	ヘリンジャー距離の近似的計算方法	124
8.3	Burge and Shawe-Taylorのアルゴリズム	125
8.4	モデル選択とMDL規準	127
	8.4.1 MDL規準と確率的コンプレキシティ	127
	8.4.2 MDL推定の収束速度	132
	8.4.3 逐次的符号化とMinimax Regret	133

	8.4.4 予測的確率的コンプレキシティ	136
	8.4.5 ベイズ符号化とMixture形式の確率的コンプレキシティ	139
8.5	拡張型確率的コンプレキシティ	140
	8.5.1 拡張型確率的コンプレキシティと一般化MDL	140
	8.5.2 一般化MDLの収束速度	142
	8.5.3 拡張型確率的コンプレキシティとMinimax Regret ..	143
8.6	動的モデル選択	146
8.7	対象化モデル変動ベクトルの分解	150

第9章 おわりに　　155

9.1	今後の発展：ネットワーク異常検知	155
9.2	現実の問題に向かうために	158
9.3	まとめ	159

参考文献　　161

索　引　　169

第1章

データマイニングにおける異常検知

1.1　異常検知の位置づけ

　本書で扱う技術はデータマイニング (data mining) と呼ばれる分野の方法論の一部を形成するものである．

　データマイニングとは，文字通り，データの山を採掘し（マイニング），宝の山を掘り当てることをいう．宝というからには価値をもたなければならない．特にビジネスにおいての価値である．そのような価値は，大量のデータの中に

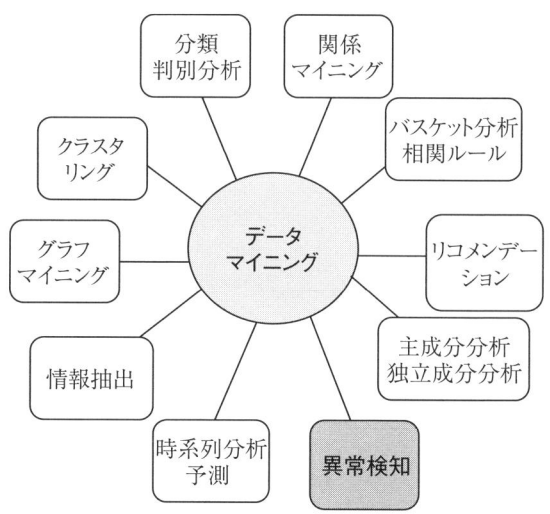

図 **1.1**　データマイニングの基本問題

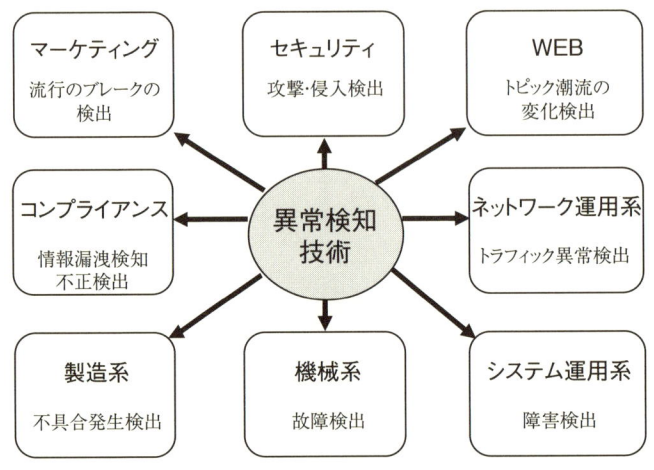

図 1.2　異常検知の応用分野

潜む傾向であったり，大部分のデータとは異なる珍しいデータであったりする．当然，業種によって何が価値をもつかは様々である．

データマイニングの分野を俯瞰すると，その基本問題を分類することによって図 1.1 のように描くことができる．

図 1.1 では，最も古典的なバスケット分析をはじめとし，レコメンデーションや，統計学の一部（時系列分析や主成分析）などもデータマイニングの基本問題に含めることができるだろう．なかでも，クラスタリングや分類は基礎の基礎といってよい．

データマイニングの基本問題にアプローチする共通の基礎的な考え方は，大量データに潜む規則性やパタンを人海戦術で捉えるのではなく，**機械学習 (machine learning)** によって自動的に抽出するということである．機械学習とは大量データの生成機構のモデルを推定することである．

本書で述べるのは，データマイニングの中でも「異常検知」の問題である．異常検知の応用分野を概括したのが図 1.2 である．それはセキュリティ，障害検出，マーケティング，不正検出，などにわたっている．いずれも大概のデータが従う規則的なパタンからずれた異常や変化に価値を認め，これを活用することに関心のある応用分野である．

そこで，我々はなぜ異常検知を問題にするのか？　以下に，セキュリティ，障害検出，マーケティング，不正検出などから，そのモチベーションを探ってみよう．

1.2　セキュリティ分野からの要請

世の中でITやネットワークが普及し，多くのサービスがインターネットを介して行われるようになってきた．その結果，電子メール，E-コマースなどといった安価で便利なサービスを気軽に利用できる世界が到来し，今やその勢いはとどまるところを知らない．しかし，その一方で，IT固有に生じる深刻な脅威に日々さらされるようになった．

例えば，**コンピュータウイルス (computer virus)** や **DoS攻撃 (Denial of Service Attack)** などのサイバー犯罪が深刻化し，システムを一時的にダウンさせるなど，大きな被害をもたらすようになってきた．また，最近では，Winnyによる**情報流出 (information leakage)** や，**なりすまし (masquerade)** などによる内部犯罪による機密情報の漏洩などが社会問題化してきている．2008年4月から施行されているJ-SOX法に伴い，内部統制が厳しく強化される中で，セキュリティや業務プロセスのログ情報の管理がますます重要性を増している．

セキュリティの現場においては，サイバー犯罪を検出するのには，従来，人海戦術による検知が主であった．例えば，ウイルス検知の問題では，**署名ベース法 (signature-based method)** といった手法が主に用いられている．これはウイルスがひとたび発生すると，**ログ**と呼ばれるアクセス記録を見て，その振る舞いを人手で定義ファイルにかき下し，新たなログに対して，この定義ファイルとパタンマッチングを行うことでウイルスを検出する方法である．しかし，このような方法では，早さ，手間などの点で様々な困難が伴うのが実情である．実際，定義ファイルは，これまで出現したすべてのウイルスに対して備えていなければならず，これらを人手で作成する手間がかかるとともに，それらとパタンマッチングするための計算時間は膨大になる．

4　第1章　データマイニングにおける異常検知

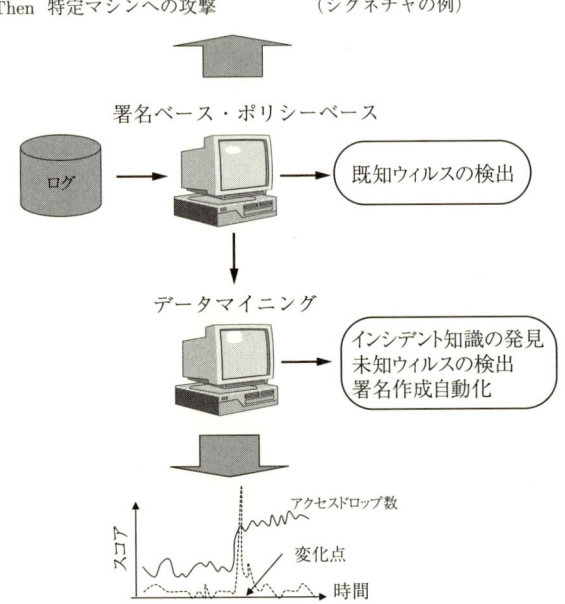

図 1.3　データマイニングとウイルス検知

そこで，これを補完する技術として注目されているのが，**データマイニングによるログ解析技術**である．データマイニングの本質は，大量データからの統計的パタンの「学習」にある．これに基づいてログの中に潜む「特徴パタン」や「異常」や「変化」を知ることで，セキュリティ・インシデント（セキュリティに関する人為的事象）の発見に劇的な効果を及ぼすと期待できるのである（図1.3）．その効果を以下にまとめる．

1. **セキュリティ・インシデントに関する知識発見をもたらす．**
   人海戦術でウイルスの特徴を正確に抽出するには一般には困難を伴う．データマイニングでは，学習機能により，そのようなウイルスの行動パタンを自動的に抽出し，顕在化させることができる．
2. **未知のセキュリティ・インシデントを早期に発見できる．**
   署名ベースの方法では，既知のウイルスや攻撃を検出できても未知のウイ

ルスや攻撃を検出することはできない．データマイニングに基づく異常検知技術によって，未知のウイルスや攻撃でも早期に検出するこができる．

3. **サイバー犯罪特定のための工数を削減する．**

   大量ログの中からサイバー犯罪行為を特定するには，莫大な工数が必要とされる．そこで，データマイニングで「いつものパタン」を学習し，「いつもと異なる振る舞い」を発見することで，サイバー犯罪を特定するための時間を劇的に削減することができる．

本書では，以上の 3 点に関して，実際にどのようなデータマイニングが利用され，どのような効果をもたらすかを，第 3 章ではパケットからの侵入検知，第 4 章ではトラフィック情報からの未知ウイルス/攻撃検知，第 5 章ではコマンド履歴からなりすまし検出への適用を通じて紹介する．

1.3 障害検出・故障診断からの要請

IT(Information Technology) 技術が普及した世の中で，セキュリティ問題のように人間の悪意に基づく行動ばかりが脅威なのではない．我々が情報を預けるコンピュータシステムの**障害 (failure)** といった脅威にもさらされている．例えば，2002 年 4 月に起きた，某銀行の基幹システムの障害は預金者に大きな不安を与え，当銀行の被害額は 18 億円に上ったといわれる．

コンピュータシステムの障害において，障害の箇所や原因がはっきりとわかっていればすぐに対応できるであろう．やっかいなのは，これまで見たこともない「未知の」攻撃や障害が発生したときに，その障害の箇所や原因を特定することである．

コンピュータシステムは **syslog** と呼ばれる処理の記録を吐き出している．このようなログをモニターし，ログがいつもと異なる振る舞いを示した際にこれを検知できれば，未知の障害でも特定することができるだろう．そのような異常な振る舞いを特定するのがデータマイニングである．

ここで，データマイニングは，syslog の性質を学習して，各 syslog データの異常度合いをスコアリングする働きをもつとしよう．いつもと異なる異常な振

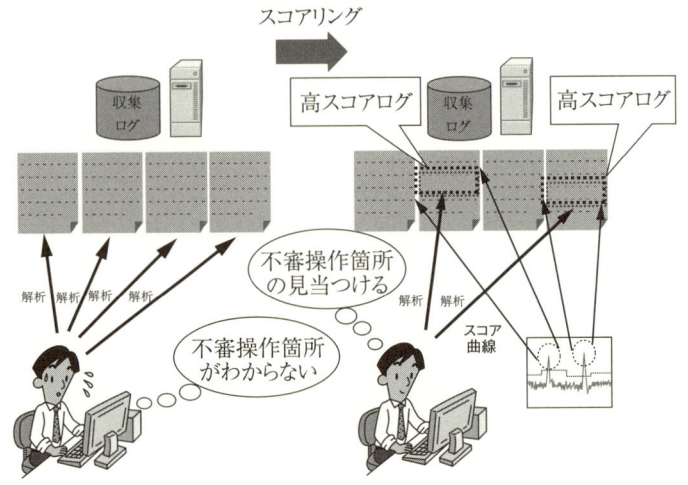

図 1.4　データマイニングによる障害検知

る舞いに対してはスコアが高くなるとする．図 1.4 では，そのようなデータマイニングの機能が働いた場合，障害発生時にアラームが出て，大量の syslog の中から障害につながる箇所を効率的に特定できることを示している．（もし，このような機能がなければ，大量の syslog の中から，どこを探ればよいのか見当をつけるのに途方に暮れてしまうだろう．）これによって，障害が未知のものであっても対応するまでの時間が大きく短縮でき，被害を最小化するのに貢献できることがわかる．

　また，コンピュータシステムの障害検知としては，障害が起こる前にその予兆に気づいて対応したいという要望もあるであろう．例えば，生産ラインにおける機械系のプロセスであったり，インターネット上の運用システムであれば，そういったニーズは切実である．そこで，コンピュータシステムからそのパフォーマンス記録（例えば，CPU ロードや I/O 密度のような）を表すログを監視して，急激な変化や異常な振る舞いを検知できれば，それは障害の未然回避につながる．また，近い将来の異常な負荷が予測できれば，その負荷をあらかじめ分散するような処置（これは動的負荷分散と呼ばれている）を施すことも可能になる．いずれにせよ，そういった障害予兆の検出はシステム障害の被害をできるだけくい止めることにつながるのである．

本書では，第5章にてsyslogからの障害予兆検出への適用を紹介する．

1.4 詐欺検出からの要請

クレジットカードやキャッシュカードの不正利用事件が後をたたない．他人のクレジットカード番号を利用した購買行動が現実に多数起きている．インターネットの普及やそれに伴うネット販売の利用が拡大するにつれ，そういった**詐欺 (fraud)** の可能性はますます高まるばかりである．

従来，クレジットカード犯罪を検知するには，購買の記録であるトランザクションをモニターし，利用場所・時間・金額などの情報から不審なトランザクションを発見することで対処してきた．そのような不審行動の検出は主にルールベースで行われてきたが，手の込んだ犯罪が増えるにつれ，そのようなルールでは犯罪の手口はかき切れなくなっているのが実情である．そこで，あらかじめ犯罪データを教師情報として参照しなくても，データマイニングによりユーザのクレジット利用パタンを自動学習し，そこから逸脱した行動を自動抽出できるようになれば，犯罪発見が早く，しかも精度良く行えるようになるだろう．同じことは，深刻化している携帯電話や各種会員カードのなりすまし利用の検出などにも当てはまる．

本書では，第3章にて，データマイニングによる異常検知を病理検査プロバイダによる不審医療行為の検出へ適用した例を取り上げる．

以上，セキュリティ，障害検出，不正検出といった企業リスクに直結するような側面をかき連ねてきたが，何も異常検知が有効な場面は暗い側面ばかりではない．人々の消費行動の分析やクチコミや自由記述アンケートの分析の中にも，いつもとは違った異常を検知することによって，新しい流行の「気づき」が生まれ，商品やサービスの開発につながることもある．つまり情報のポジティブな因子を活用する部分とネガティブな因子を取り除く部分と，その両方に適用できる手法が「**データマイニングによる異常検知**」なのである．その無限の可能性を信じてもらうことにして，いよいよ次に方法論の話に入ろう．

第2章

異常検知の基本的考え方

異常検知の考え方として，本書では一貫して**統計的異常検知 (statistical anomaly detection)** の立場をとる．これはデータの生成機構が**確率モデル (probabilistic model)**（**確率分布 (probability distribution)** または**統計的モデル (statistical model)** とも呼ぶ）で表現できると仮定した場合の異常検知の方法論のことである．

統計的異常検知は，基本的には以下の2つのステップからなる（図2.1参照）．

Step 1：これまでに得られたデータから，データ発生分布の確率モデルを学習する．

Step 2：Step 1 で学習されたモデルを基に，データの異常度合い，またはモ

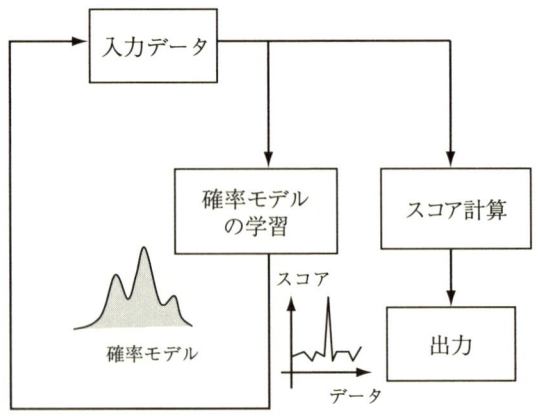

図 **2.1** 統計的異常検知の基本ステップ

表 2.1 本書で扱う異常検知

機能	入力対象	確率モデル	検出対象	応用
外れ値検出	多次元ベクトル	独立モデル （ガウス混合分布 ヒストグラム）	外れ値	不正検出 侵入検知 故障検知
変化点検出	多次元時系列	時系列モデル （ARモデル 回帰モデルなど）	時系列上の 急激な変化 バースト的異常	攻撃検出 ワーム検出 障害予兆検出
異常行動検出	セッション時系列	行動モデル （混合隠れマルコフモデル ベイジアンネットなど）	異常セッション 異常行動パタン	なりすまし検出 障害予兆検出 不審行動検出

デルの異常な変化度合いをスコアリングする．

統計的異常検知では，Step 1 でどのような確率モデルのクラスを対象とするか，Step 2 でどのような異常を検出するか，によって様々なバリエーションが生まれる．本章では，表 2.1 のように異常検知を「外れ値検出」，「変化点検出」，「異常行動検出」の 3 手法に分類して解説することを試みる．

これらは順に，確率モデルを

「独立モデル」⇒「時系列モデル」⇒「行動モデル」

として，よりダイナミックな異常を検出する問題へと進んでいく異常検知の 1 つの捉え方である．

外れ値検出とは，多次元ベクトルを対象に，その確率モデルとして独立モデルを仮定して，モデルから相対的に見て特異なデータを検出することである．変化点検出とは，多次元時系列データを対象に，その確率モデルとして時系列モデルを仮定して，時系列上に現れる急激な変化を検出することである．異常行動検出とは，一連の行動データ（セッションと呼ぶ）を単位とする系列を対象に，その確率モデルとして行動モデルを仮定して，モデルから相対的に見て異常なセッションを検出することである．

データマイニングとして統計的異常検知手法を設計する際，高い検出精度を達成することを要求することはもちろんであるが，これに加えて，以下の要件

を満たす必要がある．

1. **効率性**：オンライン形式かつ実時間で検出を行う．
2. **適応性**：データ源の性質が時間とともに変化する場合にも適応する．

上記条件は，現実の異常検知の問題を考える上で本質的であり，本書では，異常検知のためのアルゴリズムを設計する上での必須条件として捉えている．

本書は，第3章，第4章，第5章で，それぞれ「外れ値検出」，「変化点検出」，「異常行動検出」の問題を取り上げる．これに際して，それぞれ，「パケットからの侵入検出/不審医療行為の検出」，「トラフィックデータからの未知攻撃検出/東証株価指数の変化検出」，「コマンド履歴からのなりすまし検出/syslogからの障害検出」といった具体的問題で動機づけている．また，これらの問題に実際に適用した事例を記載している．

さらに上記3種の異常検知手法のうち幾つかを組み合わせた手法として，第6章では「**集合型異常検知手法**」を示す．また，上記の異常検知手法がすべて顕在的な（データの上で明らかな）異常検知であるとして，データの表面上は現れない潜在的な異常を検知する「**潜在的異常の検知**」についても第7章で紹介する．

本書を進める上で，数学的な記述が膨れ上がる際には，その部分を切り出して第8章にまとめた．また，この章には，他にも「EMアルゴリズム」「モデル選択とMDL規準」「拡張型確率的コンプレキシティ」「動的モデル選択」など，本書に登場する一般的基礎概念についても説明を加えた．理論部分をさらに深く掘り下げて研究したいという読者については，各概念にリンクした参考文献（特に，学術論文）にあたることをお奨めする．

「データマイニングによる異常検知」において，アルゴリズムの設計と解析の底流に一貫して流れる方法論は，**情報論的学習理論**と呼ばれるものである．情報論的学習理論は，情報理論・統計学をベースにする1つの学習理論の流れであり，同名の恒例ワークショップや研究会ができている．さらに，電子情報通信学会，情報処理学会，人工知能学会などで同名の論文特集や解説特集が組まれている．その動向については，例えば[87]を参考にされたい．第8章で扱う数学的概念はすべて情報論的学習理論の範疇に入るものである．

第3章

外れ値検出

3.1 侵入検知と外れ値検出

本節では，侵入検知を例にとって外れ値検出の方法を紹介する．**侵入 (intrusion)** とは，事前調査（アカウントスキャン，ポートスキャンなど），不正実行（なりすましによるファイル奪取，不正プログラム埋め込み（トロイの木馬）など），後処理（裏口作成（バックドア），証拠隠滅，etc.）のようなサーバ空間上の行為を意味する（例えば，[80] を参照）．

これらを検出するのに，どこのログを採取するかに応じて，ホストベース型とネットワークベース型に大別できる．**ホストベース型**は，OS ログ，システムログ，IDS ログ，Firewall ログなどを入力とする．**ネットワークベース型**はパケットデータを入力とする．例えば，パケットデータには，1 つの接続行為について Source IP Address, Destination IP Address, Protocol, Source Port, Destination Port, Flag, Number of Bytes, Duration, などといった基本情報 (IP Packet Header) が記録されている（図 3.1 参照）．

そこで，特定の侵入を上記の基本情報を用いてルール形式で定義したものを，その侵入の**署名（シグネチャ）**と呼ぶ．図 3.2 は特定のマシンへの攻撃を定義する署名の例を示している．署名ベースの侵入検知システムとしては，例えば，SNORT (http://www.snort.org) が有名であり，独自の署名を作成している．一般に署名ベースの方法は新しく発生した侵入の数だけ定義ファイルが必要であり，パタンマッチングに必要な計算量やメモリが時間とともに増大するといった問題がある．

NO	SourceIP	Start Time	Dest. Port	Number of Bytes
1	123.136.24.58	11:07:26	206.94.179.38	150
2	127.136.89.45	11:10:34	206.94.179.55	300
3	127.136.89.66	11:34:56	206.94.179.88	328
4	127.136.89.57	11:35:37	206.94.179.52	911
5	127.136.79.551	11:55:19	206.94.179.38	928
……	……	……	……	……

図 3.1 パケットデータの例

署名ベースの侵入検知の方法では，侵入が発見されるたびに人手で署名を作成していかなければならない．しかし，複雑な性質をもつ侵入に対して，そのような署名を必ずしも人手で完全な形で構成できるとは限らない．そこで，署名に相当する部分を，事例データからの教師あり学習によって自動構成しようとする研究がある．これは **misuse detection** と呼ばれている．

Misuse detection は**教師あり学習 (supervised learning)** の自明な応用として展開できる．つまり，特定の侵入につき，これに相当するログとそうでないログをラベルつきデータとして与え，これらを識別するような判別ルールを学習すればよい．そのような判別ルールを侵入のタイプごとにもち合わせるのである（図 3.3）．その表現形式としては，RIPPER，ニューラルネット，Bayesian Classifier，決定木など，機械学習分野で提案されている様々な手法が適用され

```
IF
Source IP Address = XXXX,
Destination Port = 80,
Protocol = TCP,
Flag = SYN,
Number of Bytes = 120

THEN
特定マシンへの攻撃
```

図 3.2 侵入を定義する署名（シグネチャ）の例

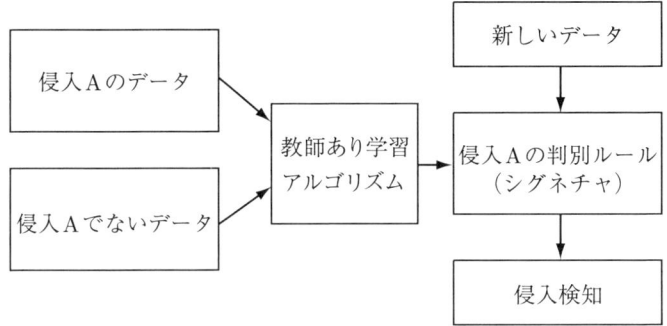

図 3.3 Misuse Detection の例

ている．本書でそれらを紹介することは中心テーマから外れるので，興味ある読者は，例えば，文献 [35], [6] などを参照されたい．

3.2 マハラノビス距離に基づく外れ値検出

署名ベースの侵入検出では，既知の侵入を検出することはできても，未知の侵入を検出することができない．そこで，未知の侵入であっても，これを検出する方法として**外れ値検出 (outlier detection)** の方法が研究されている．これは**教師なし学習 (unsupervised learning)** により，データのパタンを学習し，これから著しく外れたデータを**外れ値 (outlier)** として検出する方法である．例えば，Nearest Neighbor 法に基づく方法，クラスタリングに基づく方法，One-class SVM に基づく方法，確率密度推定に基づく外れ値検出などが提案されている．例えば，総論として文献 [33] を参照されたい．

ここでは，最も単純な統計的な外れ値検出方法である，**マハラノビス距離に基づく外れ値検出 (Mahalanobis-distance based outlier detection)** について簡単に説明しよう．仮に，データは n 次元連続値ベクトルであるとして，これまで得られたデータ列を $x^m = x_1, \cdots, x_m$ とし，i 番目のデータは $x_i = (x_{i,1}, \cdots, x_{i,n})^T$ と記すとき，その平均値ベクトル μ，分散共分散行列 Σ は以下で求められる．

$$\mu = \frac{1}{m}\sum_{i=1}^{m} x_i, \quad \Sigma = \frac{1}{m}\sum_{i=1}^{m}(x_i-\mu)(x_i-\mu)^T.$$

そこで，θ をしきい値パラメータとして，新しいデータ x に対して，

$$\{(x-\mu)^T\Sigma^{-1}(x-\mu)\}^{1/2} > \theta \tag{3.1}$$

を満たすならば x は外れ値であると判定する．式 (3.1) の左辺は x と μ の**マハラノビス距離 (Mahalanobis distance)** と呼ばれるものである (例えば，[2] 参照).

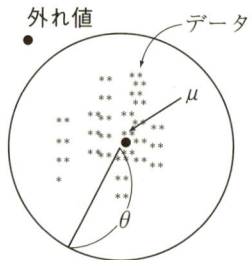

図 3.4 マハラノビス距離に基づく外れ値検出

以上の方法では，平均値と分散といった基本概念を通じて外れ値の概念を定式化している．しかし，平均値自身は外れ値の影響を大きく受けるため，むしろ**中央値 (median)** の考え方を利用して外れ値を行う方法も考えられる．今，簡単に 1 次元の場合を考え，m 個のデータが与えられているとし，これを小さい順に並べたものを $x_1 \leq \cdots \leq x_m$ とかく．このとき，***q* 分位数** m_q を $q : 1-q$ に内分する点として定義する．

$$m_q = \phi((n-1)q+1).$$

ここに，

$$\phi(t) = \begin{cases} x_t & t\text{ が自然数のとき} \\ (\lceil t\rceil - t)x_{\lfloor t\rfloor} + (t - \lfloor t\rfloor)x_{\lceil t\rceil} & \text{その他の場合} \end{cases}$$

とする．ただし，$\lfloor x \rfloor$ は x 以下の最大の整数，$\lceil x \rceil$ は x 以上の最小の整数を意味する．$m_{1/2}$ が中央値である．

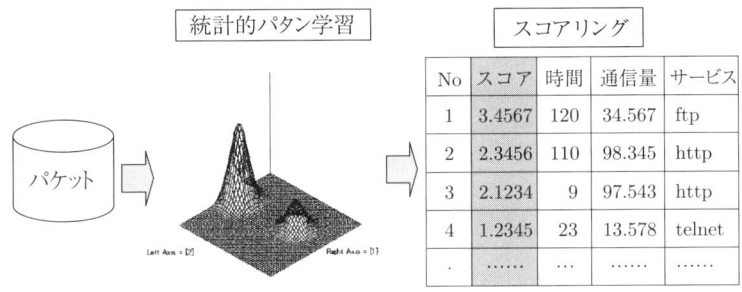

図 3.5 外れ値検出エンジン SmartSifter

$0 < \theta < 1/2$ を与えられたしきい値として，m_θ より小さい値，および $m_{1-\theta}$ より大きい値を外れ値と見なす方法が考えられる．ここで，データが多次元になるときは，各次元について，このしきい値法を適用し，1 つの次元に関しても上記基準が満たされれば外れ値と判定する方法が考えられる．

3.3 外れ値検出エンジン SmartSifter

マハラノビス距離に基づく外れ値検出が有効に機能するためには，「データが定常的に同一のガウス分布 $\mathcal{N}(\mu, \Sigma)$ から発生する」ことを前提としている．実際にはデータの発生分布は単峰のガウス分布であるとは限らず，しかも時間とともに変化していく（非定常）場合が多い．このような場合に対応してリアルタイムに外れ値検出を実現するための方式 **SmartSifter** が提案されている（文献 [71],[72] を参照）．本節では，Yamanishi, Takeuchi, Williams and Milne による文献 [72] に沿って，SmartSifter の理論と応用を紹介しよう．

3.3.1 SmartSifter の基本原理

SmartSifter は，基本的にはデータの統計的パタンを学習し，そのパタンに基づいて各々のデータをスコアリングする．これをデータが入ってくるごとにオンラインで行う（図 3.5 参照）．その基本原理は以下の 3 点を特徴としている．

I) データの発生機構を階層的な確率モデルで表現する.

SmartSifter はデータ生成機構の確率モデルとして以下のような階層的な構造をもつモデルを考える.

x は離散値変数ベクトル，y は連続値変数ベクトルとし，データを (x, y) のように表すとする. 例えば，ネットワークアクセスログに関しては $x =$ (アクセス地点，サービス形態，$\cdots$)，$y =$ (接続開始時間，接続時間，通信量，$\cdots$) となる. x や y を構成する"接続時間"や"接続開始時間"のような要素のことを**属性 (feature)** と呼ぶ.

(x, y) の同時分布を $p(x, y) = p(x)p(y|x)$ のようにかくとき，$p(x)$ は有限個の排反なセルをもつ**ヒストグラム型の確率密度関数 (histogram density)** を用いて表し，その各セルに対して，そこに入ったすべての x については，**ガウス混合モデル (Gaussian mixture model)** を用いて y の条件付き確率密度関数 $p(y|x)$ を表す. （注：ヒストグラムを構成するセルの数と同じ数だけガウス混合モデルが用意される.）

II) 忘却型学習アルゴリズムで確率モデルを学習する.

データが入力されるごとに SmartSifter は上記確率モデルを学習し，更新する. データ系列が $(x_1, y_1), (x_2, y_2), \cdots$ のようにオンラインで与えられる場合，t 番目の入力データ (x_t, y_t) が与えられたときに，まず x_t が入るセルを同定し，**SDLE (Sequentially Discounting Laplace Estimation)** アルゴリズムを用いて x のヒストグラム型の確率密度関数を推定し，推定分布を $p^{(t)}(x)$ とかく.

次に，そのセルについて y の分布であるガウス混合分布を **SDEM (Sequentially Discounting Expectation and Maximizing)** アルゴリズムを用いて推定し，推定分布を $p^{(t)}(y|x)$ とかく. 他のセルについては，$p^{(t)}(y|x) = p^{(t-1)}(y|x)$ とおく.

SDLE アルゴリズムと SDEM アルゴリズムはいずれもデータを逐次的に取り込み，過去のデータを徐々に忘却しながら学習するという**オンライン忘却型学習アルゴリズム (on-line discounting learning algorithm)** である. これによって，データの生成機構が時間とともに変化するような

非定常的な情報源に対しても適応的に学習することができる．

III) **学習されたモデルを基にスコアを計算する．**

SmartSifter は各データに対して上で学習されたモデルに基づいてスコアをヘリンジャースコアまたは対数損失で計算する．ここで $p^{(t)}(\boldsymbol{x}, \boldsymbol{y})$ を t 番目のデータから学習された確率分布とするとき，t 番目のデータに対するヘリンジャースコア (**Hellinger score**) を以下で定める．

$$S_H(\boldsymbol{x}_t, \boldsymbol{y}_t) = \frac{1}{r^2} \sum_{\boldsymbol{x}} \int \left(\sqrt{p^{(t)}(\boldsymbol{x}, \boldsymbol{y})} - \sqrt{p^{(t-1)}(\boldsymbol{x}, \boldsymbol{y})} \right)^2 d\boldsymbol{y}. \quad (3.2)$$

また，**対数損失 (logarithmic loss)** を以下で定める．

$$S_L(\boldsymbol{x}_t, \boldsymbol{y}_t) = -\log p^{(t-1)}(\boldsymbol{x}_t, \boldsymbol{y}_t). \quad (3.3)$$

ここで対数は自然対数を意味するとする．

直感的には，ヘリンジャースコアは分布 $p^{(t)}$ が $(\boldsymbol{x}_t, \boldsymbol{y}_t)$ からの学習によって，$p^{(t-1)}$ からどれくらい大きく動いたかを学習前後の確率分布のヘリンジャー距離で測るものである．したがって，高いスコアのデータは確率モデルの変化に大きく寄与したという意味で，外れ値である確率が高いと見なすことができる．一方，対数損失は過去のモデルに対するデータの意外性としての意味をもつ．この量は**シャノン情報量 (Shannon information)** とも呼ばれている．

SmartSifter による外れ値スコア計算の流れを簡略に描いたのが図 3.6 である．
SmartSifter の使い方としては，与えられたデータセットに対して，各データに逐次的にスコアを与え，すべてのデータのスコアリングが終わった後，スコアに従ってデータをソートして，外れ値上位リストを出力するといった使い方が一般的である．また，しきい値を設けて，しきい値以上のスコアが出たらアラームを上げるといった使い方もできる．その場合はオンラインで実行できる．

連続値のみをとる場合で，混合ガウスモデルにおいて成分数が 1 ($k=1$) の場合，すなわち確率モデルが μ を平均，Σ を分散共分散行列とする d 次元ガウス分布：

$$\frac{1}{(2\pi)^{d/2} |\Sigma|^{1/2}} \exp\left(-\frac{1}{2} (\boldsymbol{y} - \mu)^T \Sigma^{-1} (\boldsymbol{y} - \mu) \right)$$

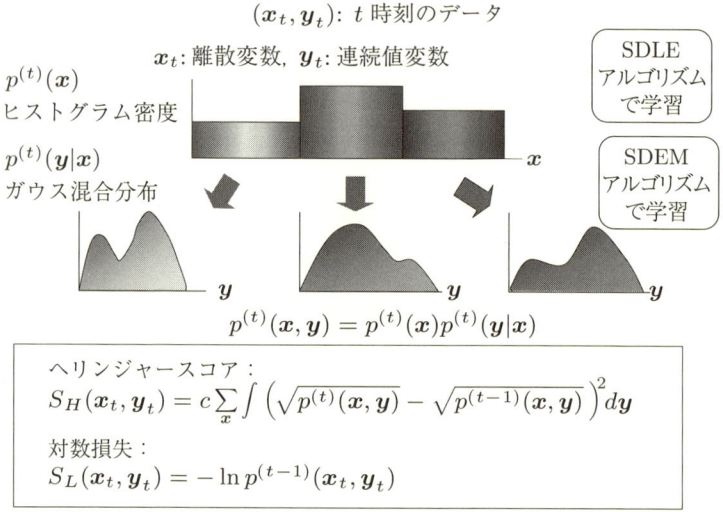

図 **3.6** 外れ値スコア計算の流れ

である場合を考える．ここに，$|\Sigma|$ は行列 Σ の行列式を表す．このとき，μ と Σ の $\bm{y}^{t-1}$ からの推定値をそれぞれ $\mu^{(t-1)}$ および $\Sigma^{(t-1)}$ とすると，$\bm{x}_t$ に対する対数損失は

$$\frac{1}{2}(\bm{y}_t - \mu^{(t-1)})^T (\Sigma^{(t-1)})^{-1} (\bm{y}_t - \mu^{(t-1)}) + \log(2\pi)^{d/2} |\Sigma^{(t-1)}|^{1/2}$$

のように求められる．これは $\bm{y}_t$ と $\mu^{(t-1)}$ の間の式 (3.1) のマハラノビス距離と定数倍および定数差の違いである．この意味で，マハラノビス距離は対数損失の特別な場合と考えることができる．

混合ガウス分布に対しては，ヘリンジャースコア $S_H(\bm{x}_t, \bm{y}_t)$ を正確に計算するのは数値計算上難しい．そこで，8.2 節に効率的な近似計算法を示すので，詳細な計算法はこちらを参照されたい．

以下では，上の I)–III) を詳しく説明する．アルゴリズムの詳細よりも SmartSifter の実用性を先に知りたい読者は，3.4 節に進んでから戻ってくるとよいであろう．

Given: 領域の有限分割：$\{\mathcal{A}_1, \cdots, \mathcal{A}_M\}, r, \beta$.

初期化：
  Let $T_0(i) = 0$ $(i = 1, \cdots, M)$.
  $t := 1$

パラメータ更新：
  while $t \leq T$　　(T：サンプル数)
    Read $\boldsymbol{x}_t = (x_1, \cdots, x_n)$
    For the i-th cell,
$$T_t(i) := (1-r)T_{t-1}(i) + \delta_t(i) \quad \text{(各セルの統計量の計数)}$$
$$q^{(t)}(i) := \frac{T_t(i) + \beta}{(1-(1-r)^t)/r + M\beta} \quad \text{(ラプラス推定)}$$
  For each $\boldsymbol{x} \in \mathcal{A}_i$,
$$p^{(t)}(\boldsymbol{x}) := q^{(t)}(i)/|\mathcal{A}_i| \quad \text{(シンボルごとの確率推定)}$$

ここで，t 番目のデータが i 番目のセルに入ったら $\delta_t(i) = 1$ とし，そうでない場合は $\delta_t(i) = 0$ とおく．
  $t := t + 1$

図 **3.7**　SDLE アルゴリズム

3.3.2　SDLE アルゴリズム

3.3.2 項から 3.3.4 項にかけては忘却型学習アルゴリズムの詳細を述べる．

離散値変数の空間を $\mathcal{X}$ とし，$\boldsymbol{x}$ は $\mathcal{X}$ 上の離散値変数ベクトルとして，これらを幾つかにまとめた $\mathcal{X}$ 上のセル集合 $\mathcal{A}_1, \cdots, \mathcal{A}_M$ が与えられているとする．ここでセル集合は，$\mathcal{X} = \bigcup_i \mathcal{A}_i$，$\mathcal{A}_i \cap \mathcal{A}_j = \emptyset$ $(i \neq j)$ を満たすとする．すなわち，$\{\mathcal{A}_i : i = 1, 2, \cdots\}$ は $\mathcal{X}$ 上の排反で $\mathcal{X}$ を覆い尽くすセル集合である．今，各セル上では一定の確率値をとるような $\mathcal{X}$ 上の確率分布 $p(\boldsymbol{x})$ を考える．**SDLE** アルゴリズムはこのような確率分布を学習するアルゴリズムである．

T は全データ数，$T(i)$ は i 番目のセルに入ったデータ数，β は正の定数として i 番目のセル上の確率値を，

$$\frac{T(i) + \beta}{T + M\beta} \tag{3.4}$$

として推定する方式を一般に**ラプラス推定** (Laplace estimation) と呼ぶ．SDLE アルゴリズムはラプラス推定方式をデータ入力ごとにオンラインで実現し，かつ，各セルの統計量を計算する際に，過去のデータによる効果を徐々に減らしていく忘却機能をもたせたアルゴリズムになっている．図 3.7 に SDLE アルゴリズムを示す．

SDLE アルゴリズムで $0 \leq r < 1$ は**忘却パラメータ** (discounting parameter) であり，$r = 0$ とおいた場合には，通常のラプラス推定方式をオンライン的に実現したものに一致する．

3.3.3 SDEM アルゴリズム

一方，連続値変数の空間を $\mathcal{Y}$ とし，$\boldsymbol{y}$ は $\mathcal{Y}$ 上の連続値変数ベクトルとして，$\boldsymbol{x}$ が与えられたときの $\boldsymbol{y}$ の条件付き確率密度関数を $p(\boldsymbol{y}|\boldsymbol{x})$ と表すとき，これは $\mathcal{X}$ の各セル上の $\boldsymbol{x}$ に対しては同じ形式をとるものとする．そこで，以下，一定のセル上の条件付き確率密度関数のみについて論ずるものとして，$\boldsymbol{x}$ を略記する．また，そのような分布としては次式の確率密度関数をもつガウス混合分布

$$p(\boldsymbol{y}|\theta) = \sum_{i=1}^{k} c_i p(\boldsymbol{y}|\mu_i, \Lambda_i)$$

を考える．ここに，k は与えられた正数，$c_i \geq 0$，$\sum_{i=1}^{k} c_i = 1$，各 $p(\boldsymbol{y}|\mu_i, \Lambda_i)$ は平均 μ_i，分散共分散行列 Λ_i の d 次元ガウス分布：

$$p(\boldsymbol{y}|\mu_i, \Lambda_i) = \frac{1}{(2\pi)^{d/2}|\Lambda_i|^{1/2}} \exp\left(-\frac{1}{2}(\boldsymbol{y}-\mu_i)^T \Lambda_i^{-1} (\boldsymbol{y}-\mu_i)\right)$$

であるとする．ここに，$i = 1, \cdots, k$ であり，d はデータの次元を表す．$\theta = (c_1, \mu_1, \Lambda_1, \cdots, c_k, \mu_k, \Lambda_k)$ とおく．

今，θ を推定することを考えよう．一般に，確率密度関数 $p(\boldsymbol{y}|\theta)$ に対して，与えられたデータ列について，その確率値 $\prod_{j=1}^{t} p(\boldsymbol{y}_j|\theta)$ を，θ の関数として扱うとき，これを**尤度関数** (likelihood function) と呼び，これを最大化する θ を求める方法を**最尤推定** (maximum likelihood estimation) と呼び，得られた推定値を**最尤推定値** (maximum likelihood estimate; MLE) と呼ぶ．

最尤推定するためのアルゴリズムとして **EM アルゴリズム** (Expecation

and Maximization (EM) algorithm) が知られている [13]．ここで，最尤推定は，データが与えられたときの対数尤度関数 $\sum_{j=1}^{t} \log p(\boldsymbol{y}_j|\theta)$ を最大化する θ を求めることに等価である．

SDEM アルゴリズムは EM アルゴリズムをデータ入力ごとにオンラインで実現し，過去のデータによる効果を徐々に減らして

$$\sum_{j=1}^{t} r(1-r)^{t-j} \log p(\boldsymbol{y}_j|\theta)$$

を極大化する θ を求めるアルゴリズムである．ここに $0 < r < 1$ は忘却パラメータ (discounting parameter) である．

EM アルゴリズムおよび忘却型学習アルゴリズムに関する一般論に興味ある読者は 8.1 節を参照されたい．ここでは，SDEM アルゴリズムを導出する前に，そのベースとなったインクリメンタル EM アルゴリズムについて，ガウス混合分布に限った形で文献 [45] に従って詳細に記す．

今，s を反復回数を示すインデックスとして，統計量 $S_i^{(s)}(i=1,\cdots,k)$ を以下で定義する．

$$\begin{aligned} S_i^{(s)} &= \left(c_i^{(s)}, \bar{\mu}_i^{(s)}, \bar{\Lambda}_i^{(s)}\right) \\ &\stackrel{\text{def}}{=} \frac{1}{t} \cdot \left(\sum_{u=1}^{t} \gamma_i^{(s)}(u), \sum_{u=1}^{t} \gamma_i^{(s)}(u) \cdot \boldsymbol{y}_u, \sum_{u=1}^{t} \gamma_i^{(s)}(u) \cdot \boldsymbol{y}_u \boldsymbol{y}_u^T\right). \end{aligned}$$

ここに

$$\gamma_i^{(s)}(u) \stackrel{\text{def}}{=} \frac{c_i^{(s-1)} p(\boldsymbol{y}_u|\mu_i^{(s-1)}, \Lambda_i^{(s-1)})}{\sum_{i=1}^{k} c_i^{(s-1)} p(\boldsymbol{y}_u|\mu_i^{(s-1)}, \Lambda_i^{(s-1)})}.$$

さらに，$\boldsymbol{y}_v$ に対して，部分的な十分統計量 $S_i^{(s)}(v)$ $(i=1,\cdots,k)$ を以下で定める．

$$S_i^{(s)}(v) \stackrel{\text{def}}{=} \frac{1}{t} \cdot \left(\gamma_i^{(s)}(v), \gamma_i^{(s)}(v) \cdot \boldsymbol{y}_v, \gamma_i^{(s)}(v) \cdot \boldsymbol{y}_v \boldsymbol{y}_v^T\right).$$

ガウス混合分布に対するインクリメンタル **EM** アルゴリズム (incremental **EM algorithm**) とは次の E-step と M-step からなるアルゴリズムである．

インクリメンタル EM アルゴリズム [45]

E-step: 系列 $\boldsymbol{y}^t = \boldsymbol{y}_1, \cdots, \boldsymbol{y}_t$ からデータ $\boldsymbol{y}_u$ を選ぶ. $\theta^{(s-1)}$ が与えられた下で以下を計算する.

$$S_i^{(s)}(u) = \frac{1}{t} \cdot \left(\gamma_i^{(s)}(u), \gamma_i^{(s)}(u) \cdot \boldsymbol{y}_u, \gamma_i^{(s)}(u) \cdot \boldsymbol{y}_u \boldsymbol{y}_u^T \right). \quad (3.5)$$

次のようにおく.

$$S^{(s)} = S^{(s-1)} - S^{(s-1)}(u) + S^{(s)}(u). \quad (3.6)$$

M-step: 新しい推定値 $\theta^{(s)}$ を以下で計算する.

$$\mu_i^{(s)} = \bar{\mu}_i^{(s)}/c_i^{(s)}, \ \Lambda_i^{(s)} = \bar{\Lambda}_i^{(s)}/c_i^{(s)} - \mu_i^{(s)}\mu_i^{(s)T}. \quad (3.7)$$

上記アルゴリズムのポイントは E-Step において十分統計量 $S^{(s-1)}$ が任意に選ばれた $\boldsymbol{y}_u$ に対して更新されることである. s に関して E-Step と M-Step の反復を行うことにより $q(s)$ は収束する.

さて，次にインクリメンタル EM アルゴリズムを以下の 2 点で改造することを考える. (A) E-step における s 番目の反復では $\boldsymbol{y}_s$ を選び，各 s について E-Step および M-Step では一度しか反復を行わない. これによって，データが入力されるごとにパラメータが更新されることになる. (B) 忘却パラメータ $r (0 < r < 1)$ を導入することで，E-Step の更新則を以下のように修正する. 各コンポーネント i ごとに以下のように更新する.

$$S_i^{(s)} := (1-r)S_i^{(s-1)} + r \cdot (\gamma_i^{(s)}(s), \gamma_i^{(s)}(s)\boldsymbol{y}_s, \gamma_i^{(s)}(s)\boldsymbol{y}_s\boldsymbol{y}_s^T). \quad (3.8)$$

すなわち，SDEM アルゴリズムはパラメータまたは統計量を，現在のパラメータと新しい値の $(1-r):r$ の比の重みつき平均の形で更新する. r が小さいほど SDEM アルゴリズムは過去の影響が大きい. $r = 1/t$ とおくと，通常の EM アルゴリズムをオンライン処理したものに一致する. これによって反復が進むにつれて統計量が $(1-r)$ 倍ずつ指数関数的に減少していき，忘却が行われる.

以上に従ってインクリメンタル EM アルゴリズムを改造したのが **SDEM ア ルゴリズム** である. これは以下のように記述できる.

Given: r, α, k

<u>初期化：</u>
　Set $\mu_i^{(0)}, c_i^{(0)}, \bar{\mu}_i^{(0)}, \Lambda_i^{(0)}, \bar{\Lambda}_i^{(0)} (i=1,\cdots,k)$.
　$t := 1$

<u>パラメータ更新：</u>
　while $t \leq T$　　(T：サンプル数)
　　Read $\boldsymbol{y}_t$
　　for $i = 1, 2, \cdots, k$
$$\gamma_i^{(t)} := (1-\alpha r)\frac{c_i^{(t-1)} p(\boldsymbol{y}_t|\mu_i^{(t-1)}, \Lambda_i^{(t-1)})}{\sum_{i=1}^k c_i^{(t-1)} p(\boldsymbol{y}_t|\mu_i^{(t-1)}, \Lambda_i^{(t-1)})} + \frac{\alpha r}{k},$$
$$c_i^{(t)} := (1-r)c_i^{(t-1)} + r\gamma_i^{(t)},$$
$$\bar{\mu}_i^{(t)} := (1-r)\bar{\mu}_i^{(t-1)} + r\gamma_i^{(t)} \cdot \boldsymbol{y}_t,$$
$$\mu_i^{(t)} := \bar{\mu}_i^{(t)}/c_i^{(t)},$$
$$\bar{\Lambda}_i^{(t)} := (1-r)\bar{\Lambda}_i^{(t-1)} + r\gamma_i^{(t)} \cdot \boldsymbol{y}_t\boldsymbol{y}_t^T,$$
$$\Lambda_i^{(t)} := \bar{\Lambda}_i^{(t)}/c_i^{(t)} - \mu_i^{(t)}\mu_i^{(t)T}.$$
　$t := t+1$

図 **3.8**　SDEM アルゴリズム

SDEM アルゴリズム
E-step:　$S_i^{(s-1)}, \theta^{(s-1)}, \boldsymbol{y}_s$ が与えられた下で，$S_i^{(s)}$ を (3.8) に従って計算する．
M-step:　新しい推定値 $\theta^{(s)}$ を (3.7) で計算する．

　SDEM アルゴリズムの具体的計算過程を図 3.8 に示す．α は c_i の推定値を安定にするために導入されたパラメータであり，通常，1.0〜2.0 に設定する．また，$c_i^{(0)} = 1/k$ とし，$\mu_i^{(0)}$ は一様分布で配置する．

　各反復に対する SDEM アルゴリズムの計算時間は $O(d^3 k)$ である．ここに d はデータの次元であり，k はガウス混合分布の要素の数である．

　SDEM アルゴリズムの計算過程で，各データが入力されるごとに分散共分散行列の逆行列および行列式の計算に最も計算時間を要する．実際，上に示したアルゴリズムではこれらをまともに解こうとするのでデータの次元の 3 乗で計

算することを許している.しかしながら,Ng and McLachlan の方法 [46] など を用いれば,前反復からの推定値を用いて逆行列および行列式を計算すること で,各反復に要する計算量を $O(d^2k)$ まで改善することができることをつけ加 えておく.

3.3.4 SDPU アルゴリズム

SmartSifter では,データ発生のモデルとしてパラメトリックな確率モデルで ある混合ガウス分布を用いていた.ここでは,その代わりにノンパラメトリッ クなカーネル関数を用いる場合の方法を考える.本書では,本方法をノンパラ メトリック法 (non-parameteric method) と呼ぶことにする.

具体的には,パラメトリック法は以下に示すような**カーネル混合分布 (kernel mixture distribution)** を用いる.

$$p(\boldsymbol{y}|q) = \frac{1}{K}\sum_{i=1}^{K} w\left(\boldsymbol{y}:q_i\right). \tag{3.9}$$

ここに,$w(\cdot:q_i)$ は q_i を平均とし,σ を正の定数,d をデータの次元として 分散共分散行列を $\Sigma = diag(\sigma^2,\cdots,\sigma^2)$ とするガウス分布として定義される カーネル関数である.なお,$diag(\sigma^2,\cdots,\sigma^2)$ は対角成分をすべて σ^2 とする 対角行列を表す.

$$w\left(\boldsymbol{y}:q_i\right) = \frac{1}{(2\pi)^{d/2}|\Sigma|^{1/2}} \exp\left(-\frac{1}{2}(\boldsymbol{y}-q_i)^T \Sigma^{-1}(\boldsymbol{y}-q_i)\right).$$

総カーネル数 K は与えられた正の整数であり,各カーネルの平均値をまとめ たベクトル $q = \{q_1,\cdots,q_K\}$ を**プロトタイプ (prototype)** と呼ぶ.

前項に与えた混合ガウスモデルを用いたパラメトリックな方法と,本ノンパ ラメトリック法との違いは,前者では,混合係数と分散共分散行列の各要素が すべてパラメータであるのに対して,後者では,これらはすべて固定された値 をとり,特に混合係数はすべて均等であるという点である.一般に,プロトタ イプの総数(=カーネル混合数)は,他のパラメータがない分,パラメトリッ ク法の混合数よりもずっと大きな値に設定しなければならない.

このカーネル混合分布のプロトタイプを学習するアルゴリズムとして,SDEM をそのまま適用するのではなく,[72] にならって,カーネル混合分布の特質を利

用した **SDPU (Sequentially Discounting Prototype Updating)** アルゴリズムを用いる．SDPU アルゴリズムは Grabec の**自己組織化マップ (self-organizing map)** アルゴリズム [16] をオンライン忘却型に改良したものである．これを以下に説明しよう．

与えられたデータ系列 $\boldsymbol{y}^t = \boldsymbol{y}_1, \cdots, \boldsymbol{y}_t$ に対して，まず以下の量を定義する．

$$f(\boldsymbol{y}|\boldsymbol{y}^t) = \sum_{\tau=1}^{t} A(t,\tau) w(\boldsymbol{y} : \boldsymbol{y}_\tau).$$

ここに $A(t,t) \stackrel{\text{def}}{=} (1-r)^{t-1}$, $A(t,\tau) \stackrel{\text{def}}{=} r(1-r)^{t-\tau-1}$ $(\tau \leq t-1)$ であり，$0 < r < 1$ は忘却パラメータである．

ここで $\sum_{\tau=1}^{t} A(t,\tau) = 1$ であることに注意する．$f(\boldsymbol{y}|\boldsymbol{y}^t)$ は $w(\boldsymbol{y} : \boldsymbol{y}_\tau)$ $(\tau = 1, \cdots, t)$ の重みつき平均であり，重みは τ が増えるにつれ大きくなる．

次に $p(\boldsymbol{y}|q)$ の $f(\boldsymbol{y}|\boldsymbol{y}^t)$ に対する 2 乗誤差を以下のように定める．

$$\bar{\epsilon}^2(q : \boldsymbol{y}^t) = \int \left(p(\boldsymbol{y}|q) - f(\boldsymbol{y}|\boldsymbol{y}^t) \right)^2 d\boldsymbol{y}.$$

新しい入力 $\boldsymbol{y}_{t+1}$ が与えられると，SDPU アルゴリズムはプロトタイプ $q^{(t)}$ を $q^{(t)} + \Delta q^{(t)}$ に変更する．この際，$\Delta q^{(t)}$ は $\bar{\epsilon}^2(q : \boldsymbol{y}^t)$ が $q = q^{(t)}$ にて最小になるという条件の下で $\bar{\epsilon}^2(q^{(t)} + \Delta q^{(t)} : \boldsymbol{y}^t \boldsymbol{y}_{t+1})$ が最小になるように選ばれるものとする．

ここでは導出の詳細は省略するが，更新差分 $\Delta q^{(t)}$ は以下の連立 1 次方程式を満たさなければならないことがわかる．（導出過程に興味のある読者は文献 [16] を参照されたい．）

$$\sum_{j,m} C_{jmkl}^{(t)} \Delta q_{jm}^{(t)} = B_{kl}^{(t)} \quad (k = 1, \cdots, K,\ l = 1, \cdots, d). \tag{3.10}$$

ここに，

$$\begin{aligned}
B_{kl}^{(t)} \stackrel{\text{def}}{=} r_t \Big(&K \cdot (x_{t+1,l} - q_{kl}^{(t)}) \exp\Big(-\frac{|x_{t+1} - q_k^{(t)}|^2}{4\sigma^2}\Big) \\
&- \sum_{i=1}^{K} (q_{il}^{(t)} - q_{kl}^{(t)}) \exp\Big(-\frac{|q_i^{(t)} - q_k^{(t)}|^2}{4\sigma^2}\Big) \Big)
\end{aligned} \tag{3.11}$$

Given: r, σ, K

初期化：
$q_i^{(0)}(i=1,\cdots,K)$ を一様分布に従って配置する．
$t := 1$

プロトタイプ更新：
while $t \leq T$ （T：サンプル数）
  Read $\boldsymbol{x}_t$
  for all (j,m,k,l)
  $B_{kl}^{(t)} := r\Big(K \cdot \Big(x_{t+1,l} - q_{kl}^{(t)}\Big)\exp\big(-\frac{|x_{t+1}-q_k^{(t)}|^2}{4\sigma^2}\big)$
  $\qquad - \sum_{i=1}^K (q_{il}^{(t)} - q_{kl}^{(t)})\exp\big(-\frac{|q_i^{(t)}-q_k^{(t)}|^2}{4\sigma^2}\big)\Big)$,
  （$q_{kl}^{(t)}$ は $q_k^{(t)}$ の l 番目の成分を表す．）
  $C_{jmkl}^{(t)} := \Big(\delta_{ml} - \frac{(q_{kl}^{(t)}-q_{jl}^{(t)})(q_{km}^{(t)}-q_{jm}^{(t)})}{2\sigma^2}\Big)\exp\Big(-\frac{|q_k^{(t)}-q_j^{(t)}|^2}{4\sigma^2}\Big)$.

  次の連立 1 次方程式を解く．（更新差分を求める）
  $\sum_{j,m} C_{jmkl}^{(t)} \Delta q_{jm}^{(t)} = B_{kl}^{(t)}$ （$k=1,\cdots,K, l=1,\cdots,d$） for all (j,m),
  $q_{jm}^{(t+1)} := q_{jm}^{(t)} + \Delta q_{jm}^{(t)}$. 　（プロトタイプ更新）
  $t := t + 1$

図 **3.9**　SDPU アルゴリズム

$$C_{jmkl}^{(t)} \stackrel{\text{def}}{=} \Big(\delta_{ml} - \frac{(q_{kl}^{(t)}-q_{jl}^{(t)})(q_{km}^{(t)}-q_{jm}^{(t)})}{2\sigma^2}\Big)\exp\Big(-\frac{|q_k^{(t)}-q_j^{(t)}|^2}{4\sigma^2}\Big) \quad (3.12)$$

であり，$q_{kl}^{(t)}$ は $q_k^{(t)}$ の l 番目の成分を表す．$\Delta q^{(t)}$ は (3.10) を解いて得られる．これは連立 1 次方程式の標準的解法を用いて求めることができる．

上記の SDPU アルゴリズムをまとめたものを図 3.9 に記す．

SDPU アルゴリズムでは，忘却パラメータは $r_t = r$ を一定値としている．SDEM アルゴリズムと同様，r が 0 に近ければ近いほど，過去のデータに対する重みは小さくなり，忘却効果は大きくなる．

SDPU アルゴリズムの計算時間は各更新につき $O(d^3 K^3)$ を要する．ここに d はデータの次元であり，K はプロトタイプの総数（カーネルの数）である．SDPU アルゴリズムは Grabec のアルゴリズム [16] と $r = 1/t$ のときに等価で

ある.

　Burge and Shawe-Taylor は，Grabec のアルゴリズムに基づいて忘却型のノンパラメトリックな外れ値計算法を提案している [8]．本項で導いたノンパラメトリック法は，Grabec のアルゴリズムと根が一緒であるという点において，Burge and Shawe-Taylor のアルゴリズムと似ているが，それらの大きな違いは，1) 過去のサンプルを忘却する方法，と 2) スコアの計算法にある．Burge and Shawe-Taylor のアルゴリズムの詳細は 8.3 節にて紹介する．

3.4　外れ値検出の応用例

3.4.1　ネットワーク侵入検出への応用

　本項では文献 [72],[71] に従って，SmartSifter をネットワーク侵入検出問題に適用した事例を紹介する．データとして KDDCup99 と呼ばれるベンチマークデータを用いた (http://kdd.ics.uci.edu/databases/kddcup99/kddcup99.html)．オリジナルは [38] を参照されたい．本実験の目的はラベルを教師情報として用いずに，オンラインでできるだけ多くの侵入データを検出することである．

　各データは 41 個の属性からなる（7 個が離散値属性，34 個が連続値属性）．各々にはラベル（22 種類：normal, back, buffer_overflow など）がつけられている．ここで "normal" 以外のすべてのラベルは「**攻撃 (attack)**」を表す．実験では 41 の属性のうち 3 つの連続値属性 (duration, src_bytes, dst_bytes) を用いた．ここに，duration は接続時間であり，src_bytes は source から destination への送信バイト数，dst_bytes は destination から source への送信バイト数を表す．これらを用いた理由は最も基本的な属性であり，他の多くはこれらを人為的に合成し直したものであるからである．これらはいずれも 0 付近に集中する傾向があるため，各属性値を $y = \log(x + 0.1)$ で変換した．

　元のデータセットは 4,898,431 個のデータ中，3,925,651 件が攻撃 (80.1%) を含んでいた．この中から属性 logged_in が正であるデータを残して 703,066(14.4%) 件のデータ（うち攻撃 3,377 件 (logged_in が正であるうちの 0.48%)）からなる部分集合 SF を生成した．ここで logged_in が正である攻撃を「**侵入 (intrusion)**」と呼ぶ．さらに SF から約 10 万件のデータをランダムサンプリングしてデータ

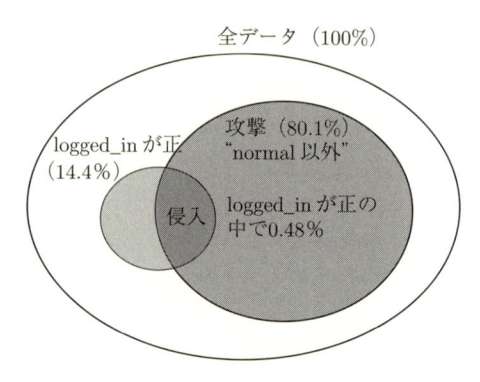

図 3.10 KDD Cup99 データの構造

(図中ラベル: 全データ（100%）、logged_in が正 (14.4%)、攻撃 (80.1%) "normal 以外"、logged_in が正の中で0.48%、侵入)

セット SF10 を作成した．データの構造を図 3.10 に示す．

　本方式のパラメトリックな方法を 3.3.4 項で触れた Burge and Shawe-Taylor の方式 [8]（以下，BS 法）と比較した．BS 法は 3.3.4 項で述べたように，カーネル法を用いるノンパラメトリックな外れ値検出の方式である．SmartSifter と同様にデータのスコアリングを行い，スコアの高いデータほど外れ値度合いが高いと見なす（詳しくは [72] を参照）．

　データセット SF10 に対して SmartSifter と BS 法を適用した際の 'top-ratio'-カバー率曲線を図 3.11 に示す．横軸はスコアの高い順に取り出したデータの割合 (top-ratio) であり，縦軸はスコアの高い順にデータをソートしたときに，top-ratio の中に含まれる侵入数の全侵入数に対する割合（カバー率）を表している．SmartSifter のパラメータは，$k=2, \alpha=2.0, r=0.0002, r_h=0.0003$ とした．スコアはヘリンジャースコアを用いた．

　図 3.11 から，検出精度に関して SmartSifter が BS 法を有意に上まわっていることがわかる．特に，SmartSifter ではスコア上位 10%のデータを見れば全侵入データの 8 割強を見出せるのに対し，BS 法では，全体として外れ値に高いスコアをつけてはいるが，上位 10%を見ただけでは，無作為抽出とほぼ同等の効果しか得られないことがわかる．

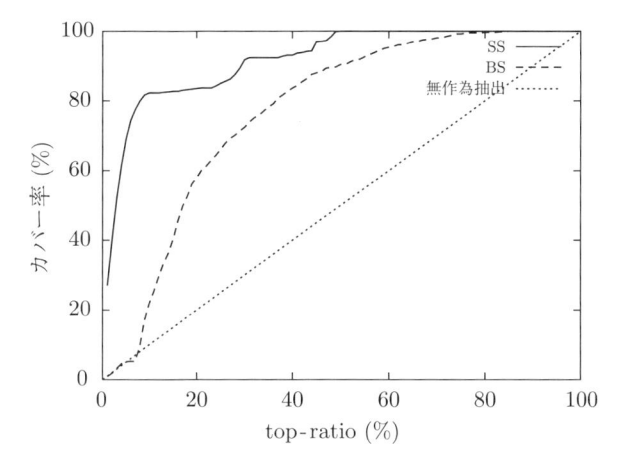

図 3.11 検出された侵入の割合

3.4.2 不審医療データの検出への応用

本項では，文献 [72] に沿って，SmartSifter の不審医療データ検出への適用事例を示そう．本事例は，筆者らが CSIRO オーストラリアという研究機関に SmartSifter を貸し出し，そこで行われたものである．

CSIRO オーストラリアではオーストラリア健康保健委員会 (Australia's Health Insurance Commission; HIC) と共同で，病理サービスの活用に関するプロジェクトを行っていた（2000 年当時）．HIC では，メディケアとして知られる健康保健システムや他の様々な政府の支払いシステムを管轄している．その中でも特に重要な HIC の役割は，**詐欺 (fraud)** や不適切なサービスを検出したり防いだりすることとされていた．そこで HIC では 1975 年より医療費申請にまつわる大量のデータが蓄積されていた．

ここで利用されたデータはプロジェクトの初期フェーズのもので，2 年間にわたって採取された 3,200 万の病理検査のトランザクション（プライバシー情報は完全に秘匿化されている）であった．個々のトランザクションには病理検査のタイプに関する情報（約 400 種類の異なるタイプがある）や，主治医名，検査を行った会社の名前，検査を要求した医師の名前，や医師や患者のタイプ（年齢，性，住所など）に関する情報が含まれていた．

表 3.1 病理検査プロバイダの稀な事例

プロバイダ	ヘリンジャースコア		対数損失	
	ランク	スコア	ランク	スコア
109	**1**	**65.6**	**2**	**1.3**
126	**2**	**58.3**	**1**	**1.3**
114	**3**	**57.5**	**3**	**0.6**
112	4	35.5	4	−0.2
75	5	33.4	5	−0.3
50	6	25.4	6	−0.8
79	7	25.0	7	−1.2
123	8	23.7	9	−1.3
129	9	23.3	11	−1.4
51	10	21.1	8	−1.3
104	11	21.0	13	−1.6

SmartSifter を本トランザクションデータに適用する目的は珍しいトランザクションを同定することである．SmartSifter は個々の患者（約400万），個々の医師（約2万），および病理検査会社（約150）の中で異常値や稀なパタンを発見することに用いられた．

まず，SmartSifter は，約150種の病理検査プロバイダの中から，際立って他と離れたものを抽出するのに用いられた．ここで用いたデータはトランザクションデータからある方法で集約されたものであった．集約されたデータの属性は7つあり，うち5つ (A,B,C,D,E) は5種類の病理検査群上の比率を示しており，残りの2つの属性 (F,G) はそれ以外の数値を表していた（表3.2）．

このデータに対して，SmartSifter は 109, 126, 114 番目の病理検査プロバイダに対して高いスコアを与えた．表 3.1 のスコアとしてヘリンジャー距離と対数損失の両方の結果を示している．

SmartSifter は優位に稀な事例として病理検査プロバイダをピンポイント的に探り当てることに成功した．本結果は表 3.2 に挙がっているプロバイダデータのサンプルから確認できる．

列 A から E までの記録は，5つの異なるカテゴリの各々に対してプロバイダによって施された病理検査の比率を表している．これらのカテゴリは Chemical

表 3.2 病理プロバイダのデータの外れ値検出

プロバイダ	A	B	C	D	E	F	G
107	0.64	0.23	0.03	0.08	0.03	0.27	0.02
108	0.65	0.20	0.10	0.05	0.01	0.37	0.03
109	0	0	0	1	0	1	0.43
110	0	0.00	0	0.57	0.43	0.89	0.10
111	0.30	0.13	0.02	0.05	0.50	0.32	0.01
112	0	0	0	0	1	0.83	0.43
113	0.34	0.14	0.02	0.02	0.47	0.38	0.02
114	0	0	0	1	0	0.96	0.30
115	0.36	0.09	0	0	0.55	0.45	0.45
116	0.41	0.06	0.05	0.01	0.47	0.47	0.32
117	0.29	0.12	0	0	0.58	0.39	0.35
118	0.52	0.06	0.02	0	0.39	0.41	0.34
119	0	0	0	0.5	0.5	0.5	0.5
120	0.34	0.14	0.03	0.02	0.46	0.34	0.02
125	0.55	0.23	0.02	0.17	0.03	0.56	0.07
126	**0.33**	**0**	**0.33**	**0**	**0.33**	**1**	**1**
127	0.33	0.18	0.02	0.01	0.46	0.34	0.01
128	0.29	0.14	0.02	0.02	0.52	0.39	0.03

(化学), Microbiology (微生物学), Immunology (免疫学), Tissue Pathology (組織学) および Cytology (細胞学) といったものである. Tissue Pathology に特化している2つの病理検査プロバイダ (109 および 114) と, Microbiology も Tissue Pathology も行っていない, もう1つの病理検査プロバイダ (126) が, SmartSifter によって高スコアデータとして同定された. ここで, 本データにおける「通常の」状態とは, 病理検査プロバイダが一般に広い範囲にわたって満遍なく検査を行っている状態である.

もちろん, このような小さいデータ集合を用いることで, SmartSifter が稀な事例を発見できる能力を存分に証明することにはならない. 事実, 病理検査プロバイダのデータ集合の 150 件のすべてを人手で閲覧し, SmartSifter と同様の結論を導くのは可能である. それでも本事例は, SmartSifter がこの分野のエキスパートが興味深いと思えるパタンを同定できるという事実を示している. SmartSifter は, HIC において, より大量のデータに適用され, 同様な洞

察が得られており，外れ値検出のインパクトが認められている．

3.5 アンサンブル学習に基づく外れ値検出の強化

外れ値検出は，一般に署名ベースの方法と比べると未知の侵入を検出できる半面，誤検知が相対的に多いことが問題とされている．そこで外れ値検出の誤検知率を削減するための方式も盛んに検討されている．ここでは，その1つとして**アンサンブル学習 (ensemble learning)** による外れ値検出を Lazarevic and Kumar による文献 [34] に沿って紹介しよう．

アンサンブル学習とは，一般に，複数の学習器を用意して，それらを組み合わせて結果を出すというものである．主に，学習の性能を増強しようというときに用いられ，機械学習の分野では bagging, boosting, aggregation, weighted majority voting などと様々な方法が研究されている．

ここに示す Lazarevic and Kumar の方法では，データが多次元である場合，全部の属性を同時に利用して異常スコアを計算するのではなく，部分的な属性集合を利用し，またその部分集合の取り方を代えることで複数の異常スコアを計算する．そして，これらのスコアを組み合わせることで，信頼できるスコアを計算するといった方法をとる．これは一種の**バッギング (bagging)** と呼ばれるアンサンブル学習法に相当する（図 3.12）．以下詳しく解説する．

今，異常度合いをスコアリングするアルゴリズム $\mathcal{A}$ が1つ与えられていると

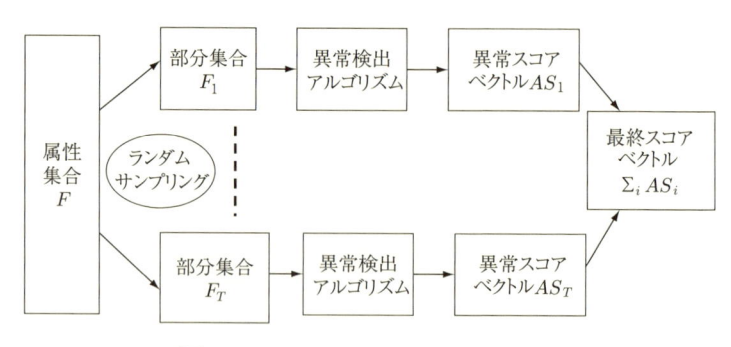

図 **3.12** Bagging による外れ値検出

する．n をデータの次元，F を属性集合，S をデータの集合，T は与えられた正整数とし，以下を実行する．

各 $t = 1, \cdots, T$ に対して以下を実行する．

Step 1：$n/2 < N_t < n-1$ なる N_t をランダムに定める．
Step 2：N_t 個の属性からなる属性部分集合 F_t を，互いに重複がないように F から選ぶ．
Step 3：アルゴリズム $\mathcal{A}$ を F_t のみを用いた S に対して適用して，得られる異常値スコアのベクトルを AS_t とする．ここで AS_t の i 番目の要素は，i 番目のデータの異常値スコアである．最終的な異常スコアベクトルを

$$AS_{Final} = \sum_{t=1}^{T} AS_t$$

として計算する．

最後の異常スコアベクトルの組み合わせ方は，単なる総和ではなく，ソートに基づく breath first approach と呼ばれる方法も考案されている [34]．

上記の方法の本質は，ランダムサンプリングされた様々な属性集合の取り方を組み合わせることで，異常検知の精度を上げるというものである．KDDCup99 データを用いた実験を通じて，単一の外れ値検出アルゴリズムを用いて全属性を利用するよりも誤検知率を 20% 位まで引き下げられることが報告されている [34]．

3.6 外れ値検出からセキュリティ知識の発見へ

3.6.1 外れ値フィルタリングルールの生成

外れ値検出の結果，得られた異常データについて「一体，検出された外れ値は何だったのだ？」ということを知りたい場面は当然ながら出てくる．そこで，異常データの特徴をマイニングする方法が研究されている．

Yamanishi and Takeuchi による文献 [69] では，SmartSifter による異常度合いのスコアリングを行った後で，スコアの高いデータとそうでないデータにそ

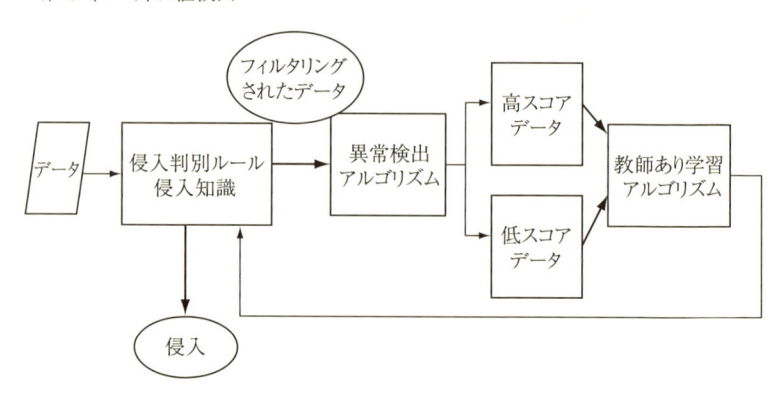

図 3.13 異常検知から知識発見へ

れぞれラベルをつけて，これらを識別するルールを教師あり学習によって求める方法が提案されている．これによって，侵入を特徴づけるパタンが識別ルールの形で学習できるのである．この方法はまた，外れ値群として認識された侵入のパタンを「顕在化」させることができる（図 3.13）．

同様に，Ertoz, Eilertson, Lazarevic, Tan, Srivastava and Kumar による文献 [14] でも，異常検出の結果を基に侵入を同定し，そこから個別の侵入に関する相関ルールを生成することで自動的に署名を生成するシステム **MINDS (MINnesota INtrusion Detection System)** が提案されている．いずれも教師なし学習に基づく外れ値検出と，教師あり学習に基づくルール学習のインタラクティブなループが働き，その結果，システム全体としての侵入検出精度が高まると同時にインシデントに関する知識が自動形成されるのである．本項では，外れ値検出の結果を知識に変える方法について，文献 [69] に従って紹介する．

SmartSifter によって検出された高スコアのデータ群に対して，これらのパタンを説明するルールを**外れ値フィルタリングルール (outlier filtering rule)** と呼ぶ．これは以下の 2 点の意味で重要である．

1. **外れ値知識の発見**
   特定の外れ値の一群の傾向を理解するのを助け，なぜこれらが例外的であるかという説明を行うことで知識発見につなげる．

3.6 外れ値検出からセキュリティ知識の発見へ　35

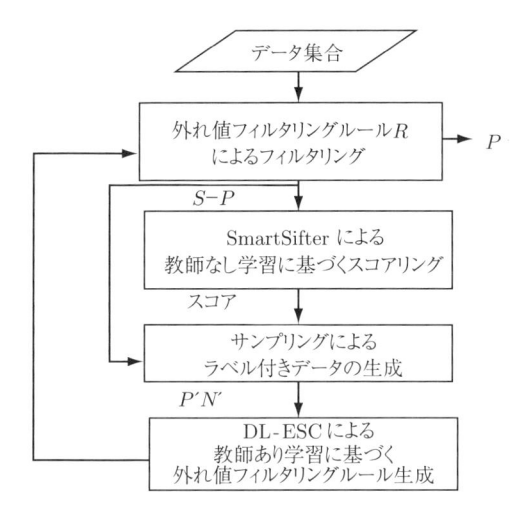

```
           ┌──────────────┐
           │  データ集合   │
           └──────┬───────┘
      ┌──────────▼──────────┐
      │ 外れ値フィルタリングルールR │──── P
   ┌─▶│ によるフィルタリング    │
   │  └──────────┬──────────┘
   │         S−P │
   │  ┌──────────▼──────────┐
   │  │  SmartSifter による   │
   ├─▶│ 教師なし学習に基づくスコアリング │
   │  └──────────┬──────────┘
   │         スコア │
   │  ┌──────────▼──────────┐
   │  │   サンプリングによる    │
   ├─▶│  ラベル付きデータの生成  │
   │  └──────────┬──────────┘
   │         P′N′ │
   │  ┌──────────▼──────────┐
   │  │   DL-ESC による      │
   │  │ 教師あり学習に基づく    │
   └──│ 外れ値フィルタリングルール生成 │
      └─────────────────────┘
```

図 **3.14** 外れ値フィルタリングシステムの処理の流れ

2. **外れ値検出精度の増強**

外れ値フィルタリングルールを SmartSifter の前処理に用いて新しいデータにフィルタリングをかけることにより，SmartSifter 単体で用いるよりも外れ値検出の精度を高める．

処理の流れは以下のステップからなる．

Step 1：外れ値フィルタリングルールの初期設定

まず，任意に与えられたデータを positive か negative に判定するフィルタリングルール $\mathcal{R}$ を用意する．ここで，**positive** データは外れ値度合いの高いデータを，**negative** データは外れ値度合いの低いデータを意味する．$\mathcal{R}$ は初期にはデフォルトルール "negative" に設定する．

Step 2：positive/negative データの生成

次に，ルール $\mathcal{R}$ を与えられたデータ集合 S に適用し，positive と判定されたデータを P とおく．S から P を除いたデータ集合を $S-P$ とし，$S-P$ に対して SmartSifter を適用する．SmartSifter は $S-P$

の各データのスコアを計算する．

このスコアに基づいて，$S-P$ の中でスコアの高い上位 $\alpha\%$ のデータ集合を positive データ集合 P' とする．さらに残りの $S-P-P'$ から，$S-P$ の $\beta\%$ にあたるデータをランダムサンプリングして得られたデータ集合を negative データ集合 N' とする．ここに α と β はあらかじめ与えられた正数である．

Step 3：教師（ラベル）あり学習により分類ルールを生成

次に，positive データ集合 P' と negative データ集合 N' から，教師あり学習を行い，positive と negative を識別する分類ルール L を生成する．

ここで，分類ルールの表現形式としては確率的判定を伴う「if-then-else-」型のルールの集合体である**確率的決定リスト (stochastic decision List)**[36],[63] を用い，その学習には **MDL(Minimum Description Length) 原理**または **ESC 最小原理**に基づく学習アルゴリズム DL-SC/DL-ESC[36] を用いる．このルール生成時には Smart-Sifter 適用時と異なる属性を用いる場合もある．

Step 4：外れ値フィルタリングルールの更新

確率的決定リスト L は複数のルールの集合であるから，L に現れたルール中で有用な幾つかをある規準の下でピックアップし，これを $\mathcal{R}$ に付加する．

新しいデータセットが与えられるごとに以上のプロセスを繰り返す．この流れを示したのが図 3.14 である．上記のステップの中では，Step 3 のルール学習が全体の鍵を握っている．

次項に Step 3 の部分について数学的な定式化を行うが，これを後まわしにして結論を急ぎたい読者は 3.6.3 項に進まれたい．

3.6.2 確率的決定リストの学習

本項では，上記 Step 3 における確率的決定リストの学習アルゴリズムについて詳細に説明する．

3.6 外れ値検出からセキュリティ知識の発見へ

$\mathcal{X}$ を d 次元の定義域, $\mathcal{Y}=\{0,1\}$ とする. ここに "1" は positive を, "0" は negative を意味する. $\mathcal{X}$ および $\mathcal{Y}$ 上の確率変数をそれぞれ $\boldsymbol{x}=(x^{(1)},\cdots,x^{(d)})$, y とかく. $\boldsymbol{x}$ の各要素を属性と呼ぶ. 与えられた正の整数 k に対し, $\mathcal{T}_k$ を $\mathcal{X}$ 上の k-term の集合とする. ここに k-term とは属性条件の高々 k 個の連言である. 例えば,

$$(x^{(1)} \geq 40) \text{ and } (x^{(3)} < 50) \text{ and } (x^{(5)} \geq 60)$$

は 3-term の 1 つである. ここで $x^{(j)}$ は $\boldsymbol{x}$ の j 番目の属性を表す.

今 s を与えられた正整数として, 各 $i(=1,\cdots,s)$ について, $(t_i,v_i,p_i)\in \mathcal{T}_k\times\mathcal{Y}\times[0,1]$ とすると, 確率的決定リスト L は以下の形式で与えられるルールである.

$$L=(t_1,v_1,p_1),\cdots,(t_s,v_s,p_s). \tag{3.13}$$

これは, 任意の与えられた $\boldsymbol{x}$ に対して, i を $\boldsymbol{x}$ が t_i を真にするような最小の index であるとして, L は確率 p_i で $y=v_i$ を割りつけることを意味している. すなわち, L は以下のような意味をもつ:

```
If x makes t_1 true, then y = v_1 with probability p_1
else if x makes t_2 true, then y = v_2 with probability p_2
..................
else y = v_s with probability p_s.
```

すなわち, 確率的決定リストは条件付き確率分布 $p(y|\boldsymbol{x})$ を 1 つ定めることになる. 確率的決定リスト [63] は確率的ルールの学習という文脈の中で Rivest の決定リスト [51] の確率的拡張として提案されてきた. 与えられた positive データと negative データから確率的決定リストを学習するアルゴリズムとしては DL-SC または DL-ESC [36] を用いる. DL-SC/DL-ESC の詳細は [36],[69] を参考されたいが, ここでは基本概念を紹介する.

DL-SC/DL-ESC は $\boldsymbol{x}$ と y のペアの実現値として与えられるデータ系列: $D^m=(\boldsymbol{x}_1,y_1),\cdots,(\boldsymbol{x}_m,y_m)$ を入力し, 確率的決定リストを出力する. データ系列 m はサンプル数を表す. 基本ステップは以下からなる.

Step 1：連続値変数の離散化
Step 2：成長（ルールの追加）
Step 3：刈り込み（ルールの刈り込み）

いずれのステップにおいてもデータ系列のコンプレキシティの値を最小にするように最適化していくことを基本方針とする．

ここで，データ系列のコンプレキシティを**確率的コンプレキシティ (Stochastic Complexity; SC)**[50] と呼ばれる情報量尺度を用いるアルゴリズムがDL-SCであり，**拡張型確率的コンプレキシティ (Extended Stochastic Complexity; ESC)**[64] を用いるのがDL-ESCである．SC, ESCの正確な定義や数学的性質は8.4節，8.5節に詳しく説明するが，ここではその直感的意味のみを記そう．

SCはデータ系列を符号化するのに必要な最短符号長としてデータ系列のコンプレキシティを情報理論的に定義した量である．よってSCを最小化する原理は**MDL(Minimum Description Length) 原理** [49] とも呼ばれている．統計的決定理論の立場からは，SCは対数損失と呼ばれる損失関数で測られた，データ系列に含まれる情報の量と見なすことができる．一方，ESCは一般の損失関数を用いて測られた情報量であると見なすことができる．特に，本項では離散損失（0-1 損失とも呼ぶ）を用いた場合のみを考える．

新しいデータに対する予測誤差が少なくなるようにルールを構成したい場合にはDL-ESCが，データ圧縮の意味で良いルールを構成したい場合はDL-SCが適当である．

以下，具体的なDL-SC/DL-ESCを記述しよう．

データ列は $D^m = (\boldsymbol{x}_1, y_1), \cdots, (\boldsymbol{x}_m, y_m) \in (\mathcal{X} \times \mathcal{Y})^m$ という形式で与えられるとする．ここに $\boldsymbol{x}_i$ は入力であり，y_i はこれに対応する出力であり，m はサンプル数である．

まず，Step 1の連続値を離散化する方法を示そう．ここで**離散化 (discretization)** とは $\boldsymbol{x} = (x^{(1)}, \cdots, x^{(d)})$ の各属性変数 $x^{(i)}$ に対して，しきい値 τ を決定して，$x^{(i)}$ を $x^{(i)} \geq \tau$ または $x^{(i)} < \tau$ の2値に置き換えることである．ここで，τ はデータ列 D^m に対して $I(\tau | D^m)$ が τ に関して最小化するように選ば

3.6 外れ値検出からセキュリティ知識の発見へ

れるものとする：

$$I(\tau|D^m) = I(D^m_+) + I(D^m_-). \quad (3.14)$$

D^m_+ は $x^{(i)} \geq \tau$ となる D^m の部分系列を表し，D^m_- は $x^{(i)} < \tau$ となる D^m の部分系列である．DL-SC では，$I(D^m)$ は D^m の**確率的コンプレキシティ** [50] と呼ばれる量であり，以下のように定義されるものである．本式の導出に関しては 8.4 節を参照されたいが，すでに記したように，直感的には，モデルを通じてのデータの記述長としての意味をもつ．

$$I(D^m) = mH\left(\frac{m_1}{m}\right) + \frac{1}{2}\log\frac{m\pi}{2}. \quad (3.15)$$

ここに対数の底は 2 であり，m_1 は D^m 中の $y = 1$ であるサンプル数であり，$H(z) = -z\log z - (1-z)\log(1-z)$ とする．すなわち，τ は，その前後でデータ列を分割して，別々にそれらの記述長を計算したとき，その総和が最小になるように選ばれるのである．

与えられた属性集合 $V = \{x^{(1)}, \cdots, x^{(d)}\}$ に対して，入力データ列 D^m について，各 $x^{(i)}$ に対して，$\tau_i = \arg\min_\tau I(\tau|D^m)$ を定め，$x^{(i)}$ を "$x^{(i)} \geq \tau_i$" ならば $\tilde{x}^{(i)} = 1$ に，"$x^{(i)} < \tau_i$" ならば $\tilde{x}^{(i)} = 0$ というように $\tilde{x}^{(i)}$ に変換する．

こうして得られる新しい属性集合を $\tilde{V} = Dis(V, D^m) = \{\tilde{x}^{(1)}, \cdots, \tilde{x}^{(d)}\}$ とかく．離散変数は元のままであるとする．

確率的決定リストの学習アルゴリズム DL-SC は大きく分けて**成長 (growing)** と**刈り込み (pruning)** の 2 つのプロセスに分けられる．

次に，Step 2 の成長のプロセスを示そう．ここでは分割コンプレキシティと呼ばれる量を最小にするようにルールを選んで，逐次的にリストに追加していく．以下にこの分割コンプレキシティの計算方法を述べる．

$t \in \mathcal{T}_k$ について，与えられた入力データ列 D^m に対して，D^m_t を $\boldsymbol{x}$ が t を真 (true) にする D^m の部分系列とする．$D^m_{\neg t}$ を $\boldsymbol{x}$ が t を偽 (false) にする D^m の部分系列であるとする．このとき t の D^m に関する**分割コンプレキシティ (splitting complexity)** を以下のように定義する．

$$I(t|D^m) = I(D^m_t) + I(D^m_{\neg t}). \quad (3.16)$$

$I(D^m)$ の定義は (3.15) に従う．

Given:
   属性変数集合 $V = \{x^{(1)}, \cdots, x^{(d)}\}$
   データ列 D^m
   正整数 k

初期化:
   $\mathcal{D} := \mathcal{D}^m$
   $\tilde{V} := Dis(V, \mathcal{D})$
   $T := \tilde{V}$ に属する属性変数の高々 k 個の連言全体の集合
   $L := \emptyset$

Growing:
   do while $\mathcal{D} \neq \emptyset$:
   各 $t \in T$ について,分割コンプレキシティ $I(t|\mathcal{D})$ を求める.
   $t^* := \arg\min I(t|\mathcal{D})$
   if $I(\mathcal{D}) - I(t^*|\mathcal{D}) > 0$
   then
      $\mathcal{D}^* := t^*$ を真にする $\mathcal{D}$ の部分集合
      $v^* := \mathcal{D}^*$ に現れた最も多いラベルの値
      $p^* := \frac{|\mathcal{D}^*_+|+1/2}{|\mathcal{D}^*|+1}$ ($|\mathcal{D}^*_+|$ は $\mathcal{D}^*$ 中の $y = v^*$ であるサンプルの数)
      Add (t^*, v^*, p^*) to L
      $\mathcal{D} := \mathcal{D} - \mathcal{D}^*$
      $\tilde{V} = Dis(V, \mathcal{D})$
      $T := T - \{t^*\}$
   else
      Go out of the loop
   L にデフォルトルール $(true, v^*, p^*)$ を加える.

Pruning:
   do while $L :\neq$ デフォルトルールだけでない
   L からデフォルトルール以外の最後のルールを取り除いたものを L' とする.
   if $\mathcal{I}(D^m : L') \geq \mathcal{I}(D^m : L)$
   then Go out of the loop
   else $L := L'$
   Output L

図 **3.15** DL-SC (DL-ESC)

成長のプロセスでは $I(t|D^m)$ が t に関して最小になるように順次 t を選んでいく．

DL-ESC では，$I(D^m)$ は (3.15) の代わりに，**拡張型確率的コンプレキシティ** [64] を用いる．これは以下の公式で与えられる．

$$I(D^m) = \min\{m_1, m - m_1\} + \lambda\sqrt{m\log m}. \tag{3.17}$$

ここに m_1 は $y=1$ である D^m 中のサンプル数であり，λ は正の定数である．本式の導出に関しては 8.5 節を参照されたい．

次に，Step 3 の刈り込みのプロセスを示そう．データがなくなるまで分割を繰り返し，ひとたび確率的決定リストが得られると，次の刈り込みのプロセスでは，末尾のルールから総コンプレキシティが最小になるまで順にルールを取り除いていく．

以下に，総コンプレキシティの計算方法を与える．確率的決定リスト L が与えられると，L の末尾のルールに現れる条件文 t に対して，$\mathcal{D}_t$ を $\boldsymbol{x}$ で t を真にする（条件文を満たす）データ列とする．そのとき D^m の L に関する**総コンプレキシティ (total complexity)** を以下のように計算する．

$$\mathcal{I}(D^m : L) = \sum_t I(\mathcal{D}_t) + \lambda' \sum_t \ell(t). \tag{3.18}$$

ここで，和は L に現れるすべての t に関してとられるものとする．λ' は正の定数であるとし，(3.17) における λ とは異なる値をとるものとする．また，$\ell(t)$ は t の符号化に必要な符号長であり，$\tilde{V}$ 上の属性の高々 k 個の連言の全体の集合 T に対して，$\ell(t) = \log|T|$ であるとする．刈り込みを行って得られる確率的決定リストの系列の中で，(3.18) が最小になる L を最終的な出力とする．

DL-SC/DL-ESC の全体を図 3.15 に示す．

DL-SC/DL-ESC の計算量は $O(d^k m)$ である．ここに d はデータの次元，k は正整数，m はデータ数である．

3.6.3　ネットワーク侵入検出への応用

3.6.1 項で紹介した外れ値フィルタリングシステムをネットワーク侵入検知に適用し，どのような侵入パタンが発見できるかを調査した研究が文献 [69] に報

告されている．ここではその結果を紹介しよう．

　データは 3.4.1 項で扱ったデータセット SF を用いた．本実験では SF からランダムサンプリングを行って，5 つのデータ集合 S0,S1,S2,S3,S4 を構成した．ここでそれぞれは約 10 万件のデータからなるものとし，約 0.48%の侵入が含まれていた．

　例を用いて本システムがいかに作動するかを示そう．まず S1 を SmartSifter に与えてスコアリングを行う．ここで S1 に含まれる最初の 8,000 件のデータはスコアリングの対象から外し，確率モデルの学習のために用いる．S1 の全データを処理した後，それらをスコアの降順にソートする．次に，スコアのトップ 1%のデータに対して positive のラベルを与え，S1 の残りのデータからランダムサンプリングして得られた 3%のデータに対して negative のラベルを与える．次にこれらのラベルつきデータを DL-ESC に入力した結果，以下の決定リストを得た．

```
If duration ≥ 0.74 & protocol =tcp
   then positive with probability 0.84 (539/639)
elsif src_byte < 10.91 & root login =user
   then negative with probability 0.93 (2572/2774)
else positive with probability 0.97(151/155)
```

　ここで最初のルールにある (539/639) は "duration ≥ 0.742 & protocol = tcp" という条件を満たすデータの数が 639 件であり，そのうち 539 件が positive であることを意味している．我々は最初のルールはその分類精度が (539/639) と十分に高くないため，これを無視し，リストの最後にある以下のルールのみをフィルタリングルールとして選んだ．

```
If neither ''duration ≥ 0.742 & protocol =tcp''
nor ''src_byte < 10.907 & root login =user '' then positive.
```

　次に新しいデータセット S2 をこのルールに与え，このルールによって positive と判断されたデータ集合を P とする．P に含まれるデータ数は 311 であり，そのうち 199 件が back というタイプの侵入であった ([88] 参照，63.98% accuracy, 63.17% coverage)．これはフィルタリングルールが back という侵入のパタン

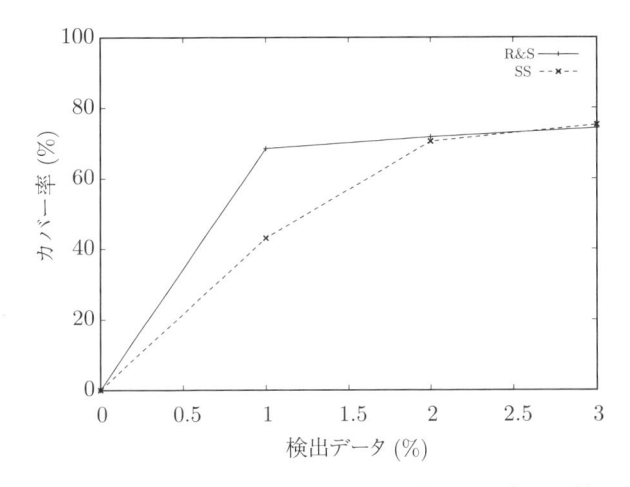

図 3.16 SmartSifter vs R&S, 平均カバー率の比較

を含む特殊な外れ値群を発見することができたことを示している.

フィルタのかけられたデータセット S2–P に対して再び SmartSifter を走らせた. すると, トップスコアの 689 (= 1,000 − 311) 件のデータセット (これを Q とする) のうち, 実際に 25 個の侵入が含まれていた.

よって, S2 に含まれる 1,000 件のデータの中から計 224 (= 199 + 25) 件の侵入を検出できたことになる. 一方, S2 を SmartSifter だけで処理した場合, スコアのトップ 1,000 件の中には 110 個の侵入が含まれていた. これは, SmartSifter 単体から SmartSifter とフィルタリングルールを組み合わせることによって, 1,000 件のデータ中に検出できる侵入 (全侵入数は 315) のカバー率が, 34.92% (= 110/315) から 71.11% (= 224/315) へと有意に増加したことを示す.

SmartSifter と外れ値フィルタリングルールを組み合わせた方式 (以下では, R&S (=Rule and SmartSifter) と表す) が SmartSifter 単体と比べてどれくらい侵入検出精度を高められるかを, 平均 'top-ratio'–カバー率曲線を描いて調べた結果を図 3.16 に示す. 'top-ratio'–カバー率曲線の意味は, 3.4.1 項を参照されたい. 例えば, S0 をフィルタリングルールを構成するためのトレーニングデータとして用いた場合は, S1, S2, S3, S4 の各々を評価用データセットと

して用いており，それらの侵入検出のカバー率 (coverage) の平均を評価している．評価データの数が 2,000 件 (= 2%) より少ない場合は，R&S 方式が SS 単体で用いるよりも有意に高い精度で侵入を検出できていることがわかる．

3.7　外れ値検出の動向

前節までに紹介した外れ値検出の方法は，いずれもデータの確率モデルに基づく外れ値検出の方法である．一方で，確率モデルを一切仮定せずに，データ点間の距離に基づき，各点が孤立しているかどうかを判定して外れ値を検出する方法が考えられている．これは**距離に基づく外れ値検出 (distance-based outliers)** の方法と呼ばれている（例えば，[28],[29] を参照せよ）．これはデータベースの分野で盛んに研究されている．

また，Breuning らはオブジェクトの外れ値度合いを表す尺度として **LOF(Local Outlier Factor)** なる概念を導入し，これに基づいて外れ値検出を行うことを提案している [7]．ここで LOF とは，各オブジェクトの近接オブジェクトの局所的な密度によって規定される量である．

さらには，外れ値にコストの考え方を導入して，cost-sensitive な外れ値検出を論じている研究などもある（例えば，[10],[15] などを参考にされたい）．

また，広く利用されている外れ値検出のプログラムとして Woodruff and Rocke によるもの [89] が知られているので，ベンチマーキングに活用できるだろう．

第4章

変化点検出

4.1 未知ウイルスの早期検知と変化点検出

　前章ではパケットデータそのものの情報から侵入を検出する方法について述べた．一方で，新種のウイルスなどについては，むしろネットワークのトラフィックの**時系列的振る舞い**をモニタリングし，この異変に気づくことにより検出できる場合がある．

　例えば，1分間あたりのメールの通数のような統計量を時系列的に観測すると，新種のワームが発生した際には，トラフィック量が急増する．その際，トラフィック量に上限を設けて，あらかじめ与えたしきい値を越えたところで検出しようとするのは危険である．なぜなら，ウイルスの増殖速度は相当速いので，しきい値を超えた時点で対処したのではもはや手遅れになる場合があるからである．ウイルス検知は「いかに早く検出できるか」にかかっている．そのためにトラフィックの量の大小自体よりも，急激な時系列振る舞いの変わり目の時点に着目することが重要である．そのような時点を**変化点 (change point)** と呼ぶ．そのような情報を検知するための技術が**変化点検出 (change point detection)** である．時系列の振る舞いが急激に変わるということは，異常がバースト（塊り）として出現するということである．本章では，そのような異常のバースト的な到来の開始を検出することを目標とする．

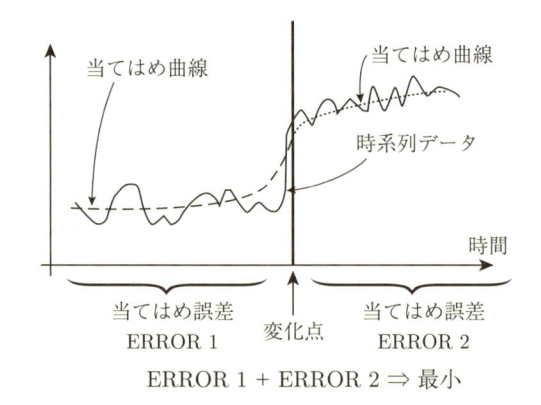

図中:
- 当てはめ曲線
- 当てはめ曲線
- 時系列データ
- 時間
- 当てはめ誤差 ERROR 1
- 変化点
- 当てはめ誤差 ERROR 2
- ERROR 1 + ERROR 2 ⇒ 最小

図 4.1 統計的検定に基づく変化点検出

4.2 統計的検定に基づく変化点検出

変化点検出の最も基本的な方式は，Guralnik and Srivastava による文献 [17] で与えられているような**統計的検定に基づく方式 (statistical testing-based method)** である．これは，データ列に自己回帰モデルや多項式回帰モデルのような時系列モデルを当てはめていき，変化点の候補となる点の前後で別々に時系列モデルを当てはめた場合が，1 つのモデルで当てはめた場合に比べて誤差を有意に少なくできるか否かを検定し，有意に少なくできる場合には，それらの差を最も大きくする点を変化点と見なすという方式である（図 4.1）．

これをより精密に定式化しよう．データ系列 $\boldsymbol{x}_1^n = \boldsymbol{x}_1, \cdots, \boldsymbol{x}_n$ の変化点候補を t として，t の前後の時系列データをそれぞれ $\boldsymbol{x}^t = \boldsymbol{x}_1, \cdots, \boldsymbol{x}_t$, $\boldsymbol{x}_{t+1}^n = \boldsymbol{x}_{t+1}, \cdots, \boldsymbol{x}_n$ と記す．ここに各 $\boldsymbol{x}_j$ は多次元連続値をとるものとする．この時系列モデルとしては，例えば，各時刻 t に対して $\boldsymbol{x}_{t-k}^{t-1} = \boldsymbol{x}_{t-k}, \cdots, \boldsymbol{x}_{t-1}$ が与えられたときの $\boldsymbol{x}_t$ の条件付き確率密度関数が以下で与えられるモデルを考える．

$$p(\boldsymbol{x}_t | \boldsymbol{x}_{t-k}^{t-1}) = \frac{1}{(2\pi)^{d/2} |\Sigma|^{1/2}} \exp\left[-\frac{(\boldsymbol{x}_t - \boldsymbol{w}_t)^T \Sigma^{-1} (\boldsymbol{x}_t - \boldsymbol{w}_t)}{2}\right]. \quad (4.1)$$

d はデータの次元を表し，Σ は実数値パラメータを要素とする分散共分散行列を表す．ここに，k を与えられた正整数とし，$\alpha_1, \cdots, \alpha_k, \mu$ を実数値パラメータとして

$$\boldsymbol{w}_t = \sum_{i=1}^{k} \alpha_i (\boldsymbol{x}_{t-i} - \mu) + \mu \qquad (4.2)$$

とするとき，これを**自己回帰モデル (auto regression model)**（略して，**AR モデル**）と呼ぶ．詳しくは [78],[79] を参照されたい．

また，$\boldsymbol{w}_t$ が1次元のときは，k を与えられた正整数とし，$\alpha_0, \cdots, \alpha_k$ を実数値パラメータとして，

$$\boldsymbol{w}_t = \sum_{i=0}^{k} \alpha_i t^i \qquad (4.3)$$

とするとき，これを**多項式回帰モデル (polynomial regression model)** と呼ぶ．

いずれのモデルを用いるにせよ，各パラメータはデータから最尤推定するとし，推定されたパラメータを用いて (4.2) によって計算される $\boldsymbol{w}_t$ の予測値を $\hat{\boldsymbol{w}}_t$ と記すとき，モデルのデータ $\boldsymbol{x}_1^n$ に対する当てはめ誤差 $I(\boldsymbol{x}_1^n)$ を以下の2乗誤差関数で計算する．

$$I(\boldsymbol{x}_1^n) = \sum_{t=1}^{n} ||\boldsymbol{x}_t - \hat{\boldsymbol{w}}_t||^2. \qquad (4.4)$$

そこで，時刻 t の前の当てはめ誤差 $I(\boldsymbol{x}_1^t)$ を **ERROR1** とし，時刻 t の後の当てはめ誤差 $I(\boldsymbol{x}_{t+1}^n)$ を **ERROR2** とするとき，それらの和 $I(\boldsymbol{x}_1^t) + I(\boldsymbol{x}_{t+1}^n)$ が $t = t^*$ において最小値が与えられるとする．そのとき，この最小値と $I(\boldsymbol{x}_1^n)$ との相対比が与えられたしきい値 $\delta > 0$ を超えれば，$t = t^*$ は変化点である，という判断を下すものとする．すなわち，この基準は以下のように与えられる．

$$\frac{I(\boldsymbol{x}_1^n) - (I(\boldsymbol{x}_1^{t^*}) + I(\boldsymbol{x}_{t^*+1}^n))}{n} > \delta. \qquad (4.5)$$

変化点が見つかれば，その前後で同様のプロセスを再帰的に繰り返していく．

この方式はすべての候補点に対して統計的検定を行うために計算量が大きく，リアルタイムで変化点を検出することができない．よって，セキュリティ監視や障害監視にそのまま適用することはできない，といった問題点がある．未知のウイルスやシステムの障害を一刻も早く検出しなければならないセキュリティや障害監視の現場では，より計算効率が高くオンライン処理に向いた変化点検出が要求されるのである．

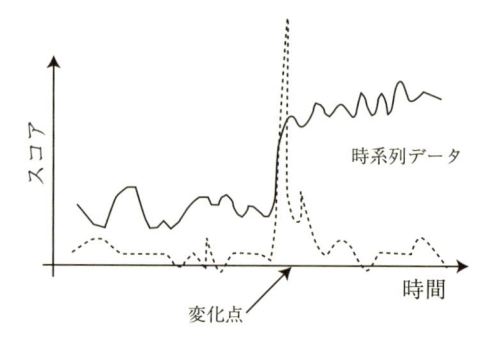

図 4.2　変化点検出エンジン ChangeFinder

4.3　変化点検出エンジン ChangeFinder

統計的検定に基づく方法が計算効率に問題があったのに対して，Yamanishi and Takeuchi による文献 [69]，Takeuchi and Yamanishi による文献 [59] では，時系列データに対してリアルタイムに変化点度合いのスコアを計算していく方法が提案されている（図 4.2）．この手法をここでは文献 [59] にならって **ChangeFinder** と呼ぶことにしよう．ChangeFinder は**時系列モデルの 2 段階学習 (two-stage learning of time series models)** に基づく方式を用いている．本節ではこれに関して詳しく説明する．

4.3.1　ChangeFinder の基本原理

ChangeFinder の時系列モデルとしては，前節と同様に，AR モデルを用いる．まず，多次元データを扱う形で，これを再定義しよう．今，初期値の平均値が 0 であるような，連続値をとる時系列変数を $\{z_t : t = 1, 2, \cdots\}$ で表す．z_t は d 次元ベクトルであるとする．k 次の AR モデルは以下のように表される．

$$z_t = \sum_{i=1}^{k} \omega_i z_{t-i} + \varepsilon.$$

ここに，$\omega_i \in \mathbf{R}^{d \times d}\,(i = 1, \cdots, k)$ は d 次パラメータ行列であり，$z_{t-k}^{t-1} = (z_{t-1}, z_{t-2}, \cdots, z_{t-k})^T \in \mathbf{R}^{d \times k}$ と記す．ε は平均 0，共分散行列 Σ のガウス分布 $\mathcal{N}(0, \Sigma)$ に従うガウス変数である．実際に観測される時系列を $\{x_t : t =$

4.3 変化点検出エンジン ChangeFinder

```
Read x_t
  ↓
データ時系列モデル       p_{t-1}(x)
の忘却学習
  ↓
スコアリング            -ln p_{t-1}(x_t)
  ↓
スコアの平滑化          y_t = (1/T) Σ_{i=t-T+1}^{t} (-ln p_{i-1}(x_i))
  ↓
スコア時系列モデル      q_{t-1}(y)
の忘却学習
  ↓
スコアリング            -ln q_{t-1}(y_t)
```

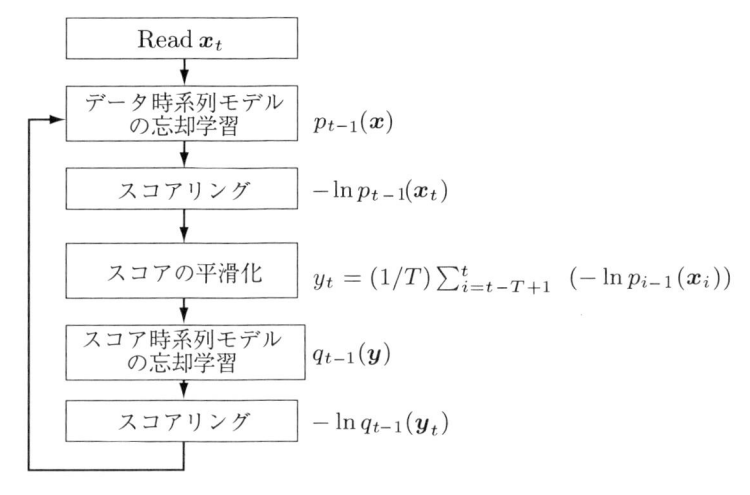

図 **4.3** ChangeFinder の処理の流れ

$1, 2, \cdots\}$ とかく．ここに，

$$\boldsymbol{x}_t = \boldsymbol{z}_t + \mu$$

である．また $\boldsymbol{x}_{t-k}^{t-1} = (\boldsymbol{x}_{t-1}, \cdots, \boldsymbol{x}_{t-k})^T$ とおいて，AR モデルによって表される $\boldsymbol{x}_t$ の確率密度関数は以下のように表される．

$$p(\boldsymbol{x}_t | \boldsymbol{x}_{t-k}^{t-1} : \theta) = \frac{1}{(2\pi)^{d/2}|\Sigma|^{1/2}} \exp\left(-\frac{1}{2}(\boldsymbol{x}_t - \boldsymbol{w})^T \Sigma^{-1} (\boldsymbol{x}_t - \boldsymbol{w})\right). \quad (4.6)$$

ここに，$\boldsymbol{w} = \sum_{i=1}^{k} \omega_i (\boldsymbol{x}_{t-i} - \mu) + \mu$ であり，パラメータをまとめて，$\theta = (\omega_1, \cdots, \omega_k, \mu, \Sigma)$ と記す．

さて，2 段階学習に基づく変化点スコアリングの基本ステップは以下に示す通りである．基本フローを図 4.3 に示す．

Step 1：第 1 段階学習

時系列データの確率モデルとして AR モデルを用意し，これをオンライン忘却型学習アルゴリズム（これを **SDAR (Sequentially Discounting AR model learning)** アルゴリズムと呼ぶ）を用いて学習し，得られた確率密度関数の列を $\{p_t(\boldsymbol{x}) : t = 1, 2, \cdots\}$ とする．ここに，$p_{t-1}(\boldsymbol{x})$ は $\boldsymbol{x}^{t-1} = \boldsymbol{x}_1, \cdots, \boldsymbol{x}_{t-1}$ から学習された確率密

度関数である．各時点 t のデータ $\boldsymbol{x}_t$ の外れ値スコアを対数損失：

$$Score(\boldsymbol{x}_t) = -\log p_{t-1}(\boldsymbol{x}_t)$$

ないしはヘリンジャースコア：

$$Score(\boldsymbol{x}_t) = d(p_{t-1}, p_t)$$

で計算する．ここに，$d(p_{t-1}, p_t) = \int \left(\sqrt{p_{t-1}(\boldsymbol{x})} - \sqrt{p_t(\boldsymbol{x})}\right)^2 d\boldsymbol{x}$ である．

Step 2：平滑化

T を与えられた正数として，幅が T のウインドウを設けて，ウインドウ内のデータに関して Step 1 で求めた外れ値スコアの平均を計算する．これを**平滑化 (smoothing)** と呼ぶ．さらにウインドウをスライドすることによって移動平均スコアの時系列 $\{y_t : t = 1, 2, \cdots\}$ を新たに構成する．つまり，スコア系列 $\{Score(\boldsymbol{x}_i) : i = t-T+1, \cdots, t\}$ に対して $T-$ 平均スコア系列 y_t をスコア移動平均として以下のように定義する．

$$y_t = \frac{1}{T} \sum_{i=t-T+1}^{t} Score(\boldsymbol{x}_i). \tag{4.7}$$

Step 3：第 2 段階学習

そこで得られる新しい時系列データ $\{y_t : t = 1, 2, \cdots\}$ に対してAR モデルを用いてモデル化し，再び SDAR アルゴリズムを用いて学習を行う．得られる確率モデルの時系列を $\{q_t : t = 1, 2, \cdots\}$ とする．さらに T' を与えられた正数として，**時刻 t における T'-平均スコア**を，以下の対数損失：

$$Score(t) = \frac{1}{T'} \sum_{i=t-T'+1}^{t} (-\log q_{i-1}(y_i)) \tag{4.8}$$

によって定める．または，Step 1 と同様にヘリンジャー距離を用いて

$$Score(t) = \frac{1}{T'} \sum_{i=t-T'+1}^{t} d(q_{i-1}, q_i) \tag{4.9}$$

によって定める．$Score(t)$ の値が高いほど時刻 t が変化点の度合が高いと見なすことができる．

ChangeFinder の鍵は，第 1 段階学習では時系列中の外れ値しか検出できないところを，外れ値スコアの平滑化を通じて，ノイズに反応した外れ値を除去し，2 回目の学習によって本質的な変動のみを検出できるようにしたところにある．

式 (4.7) において T が小さい場合には外れ値と変化点は，それらが出現した直後に検出できるようになるが，それらの見分けが難しくなる．一方，T が大きい場合は変化点検出までの時間遅れが大きくなるが，外れ値がフィルタリングされて変化点だけが検出できるようになる．T の値は 5 から 10 の間に設定することが多いが，適用場面に応じて最適にチューニングされなければならない．

4.3.2 SDAR アルゴリズム

Step 1 において AR モデルのオンライン忘却学習アルゴリズム SDAR が登場した．ここではその詳細を示そう．

AR モデルのパラメータ推定アルゴリズムは古くから知られている（例えば，[78],[79] を参照せよ）．これに関して，データが一括して与えられる下での推定方式を以下に与える．

総数が n の時系列データ $\bm{x}_1, \cdots, \bm{x}_n$ が与えられたとする．$\bm{x}_t = \bm{z}_t + \mu$ なる変換を行うことにより，$\bm{z}_1, \cdots, \bm{z}_n$ に関する尤度は以下のように計算できる．

$$\prod_{t=1}^{k} p(\bm{z}_t|\theta) \cdot \prod_{t=k+1}^{n} p(\bm{z}_t|\bm{z}_{t-k}^{t-1}:\theta).$$

よって対数尤度をとると，次式を得る．

$$\sum_{t=1}^{k} \log p(\bm{z}_t|\theta) + \sum_{t=k+1}^{n} \log p(\bm{z}_t|\bm{z}_{t-k}^{t-1}:\theta).$$

n は k より十分大であると仮定して，第 2 項と式 (4.6) から，以下のように近似することを考える．

$$-(n-k)\log((2\pi)^{d/2}|\Sigma|^{1/2}) - \frac{1}{2}\sum_{t=k+1}^{n}\left(\boldsymbol{z}_t - \sum_{i=1}^{k}\omega_i \boldsymbol{z}_{t-i}\right)^T \Sigma^{-1}\left(\boldsymbol{z}_t - \sum_{i=1}^{k}\omega_i \boldsymbol{z}_{t-i}\right)$$

これを ω について偏微分して 0 とおくことにより, 対数尤度を最大にする ω_i ($i = 1, \cdots, k$) は次式を満たさなければならないことがわかる.

$$\sum_{i=1}^{k}\omega_i C_{j-i} = C_j \quad (j=1,\cdots,k). \tag{4.10}$$

ここに, C_j は次式で与えられる, **自己共分散関数 (autocovariance function)** と呼ばれる量である.

$$\begin{aligned}C_j &= \frac{1}{n-k}\sum_{t=k+1}^{n}\boldsymbol{z}_t\boldsymbol{z}_{t-j}^T \\ &= \frac{1}{n-k}\sum_{t=k+1}^{n}(\boldsymbol{x}_t - \mu)(\boldsymbol{x}_{t-j}-\mu)^T.\end{aligned}$$

ここで, すべての正整数 s に対して, 以下を満たす.

$$C_s = C_{-s}^T.$$

式 (4.10) は **Yule-Walker の方程式 (Yule-Walker equation)** と呼ばれる. μ と Σ の最尤推定値 $\hat{\mu}$ と $\hat{\Sigma}$ は以下のように求められる.

$$\hat{\mu} = \frac{1}{n-k}\sum_{t=k+1}^{n}\boldsymbol{x}_t.$$

C_j の μ に $\hat{\mu}$ を代入したときの Yule-Walker 方程式の解を $\hat{\omega}_1, \cdots, \hat{\omega}_k$ とすると,

$$\begin{aligned}\hat{\Sigma} &= \frac{1}{n-k}\sum_{t=k+1}^{n}\left(\boldsymbol{z}_t - \sum_{i=1}^{k}\hat{\omega}_i \boldsymbol{z}_{t-i}\right)\left(\boldsymbol{z}_t - \sum_{i=1}^{k}\hat{\omega}_i \boldsymbol{z}_{t-i}\right)^T \\ &= \frac{1}{n-k}\sum_{t=k+1}^{n}\left(\boldsymbol{x}_t - \hat{\mu} - \sum_{i=1}^{k}\hat{\omega}_i(\boldsymbol{x}_{t-i}-\hat{\mu})\right)\left(\boldsymbol{x}_t - \hat{\mu} - \sum_{i=1}^{k}\hat{\omega}_i(\boldsymbol{x}_{t-i}-\hat{\mu})\right)^T.\end{aligned}$$

SDAR アルゴリズムは上記のような計算を逐次的に実行する上で, パラメータあるいはその計算に必要な統計量を, 現在の値と新しい値の $(1-r):r$ の比の重み

Given: $0 < r < 1$ 忘却パラメータ

初期化：
　Set $\hat{\mu}, C_j, \hat{\omega}_j$ $(j = 1, \cdots, k), \hat{\Sigma}$

パラメータ更新：
　For each time $t (= 1, 2, \cdots)$,
　read $\boldsymbol{x}_t$, proceed:

$$\hat{\mu} := (1-r)\hat{\mu} + r\boldsymbol{x}_t,$$
$$C_j := (1-r)C_j + r(\boldsymbol{x}_t - \hat{\mu})(\boldsymbol{x}_{t-j} - \hat{\mu})^T.$$

以下の Yule-Walker 方程式を解く．

$$\sum_{i=1}^{k} \omega_i C_{j-i} = C_j \quad (j = 1, \cdots, k). \tag{4.11}$$

式 (4.11) の解を $\hat{\omega}_1, \cdots, \hat{\omega}_k$ とおき，次に以下を計算する．

$$\hat{\boldsymbol{x}}_t := \sum_{i=1}^{k} \hat{\omega}_i (\boldsymbol{x}_{t-i} - \hat{\mu}) + \hat{\mu},$$
$$\hat{\Sigma} := (1-r)\hat{\Sigma} + r(\boldsymbol{x}_t - \hat{\boldsymbol{x}}_t)(\boldsymbol{x}_t - \hat{\boldsymbol{x}}_t)^T.$$

図 **4.4**　SDAR アルゴリズム

つき平均の形で更新する．ここで，$0 < r < 1$ は忘却パラメータ (discounting parameter) であり，r が小さいほど SDAR アルゴリズムは過去のデータの影響を大きく引きずることになる．SDAR アルゴリズムの全体を図 4.4 に示す．

このような忘却的なパラメータ学習の原理は，外れ値検出における SDEM アルゴリズムのそれと同じである．SDEM アルゴリズムでは，データの生起が独立であることを仮定していたが，SDAR アルゴリズムは，SDEM における忘却型学習の考え方をデータが時系列的に生起する場合に自然に拡張したものである．

なお，一般に，AR モデルは時系列の定常性を仮定したモデルであるが，実際の変化点検出に適用する際は，非定常性を仮定しなければならない．SDAR アルゴリズムでは，忘却効果を取り入れることによって，形式的には AR モデ

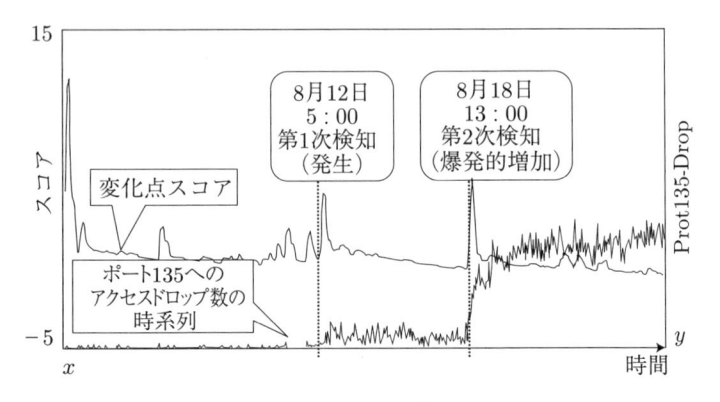

図 4.5 MS.Blast の検知

ルを用いつつも，非定常なモデルの学習を実現しているのである．

SDAR アルゴリズムの計算量，つまり ChangeFinder の計算量はデータ数に関しては線形オーダーに抑えられている．一方で，前節で紹介した統計的検定に基づく方式はデータ数の 2 乗のオーダーであるので，劇的に計算量が削減できることを意味している．

4.4 変化点検出の応用例

4.4.1 攻撃検知への応用その 1：MS.Blast

ChangeFinder は，ネットワークのアクセスデータからのワーム検出に応用できる．ワームとは自己増幅する性質をもつウイルスである．特に，決まったパタンをもたないためにシグネチャでは対応が難しいワームや，まだシグネチャができていない新種のワームを検出しようとする際に，アクセスデータからの変化点検出は有効な手段を与える．

例として，脆弱性が発見されたポート 135 へのアクセスドロップ数（発生頻度）の時系列を入力として，これに ChangeFinder を適用して得られるスコアの時間的変化を図 4.5 に示す．

図では初期の学習時期を除いて，2 箇所の鋭いピークが現れているが，これらは **MS.Blast** と呼ばれるポート 135 の脆弱性を突く **DoS(Denial of Service)**

4.4 変化点検出の応用例   55

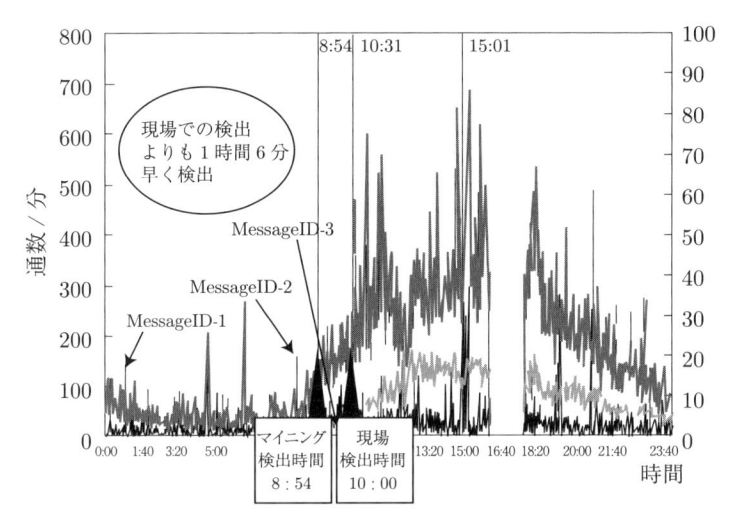

図 4.6 LOVGATE の検知

攻撃の 1 次発生と 2 次発生の初期に対応している．2 段階にわたって発生したといわれる MS.Blast の発生を初期段階で早期に検知していることがわかる．この場合，スコアに対するしきい値を適切に設定することにより，攻撃の検出率を 100%，誤報率（攻撃以外にアラームを上げる確率）を 0% に抑えることができている．

4.4.2 攻撃検知への応用その 2：LOVGATE

ChangeFinder は，実際のメールシステムのログ監視に実験的に適用されている．これも文献 [85] に沿って紹介しよう．本実験は，メールシステムのログの監視と運用を行っているサイバーテロ対策チームの協力を得て行ったものである．そのチームでは，未知ワーム対策がかねてからの課題であったが，決定的に有効な手段をもち合わせず，もっぱら人海戦術に頼ってきた．そんな中，もっと早く未知ワームを検出する方法が渇望されていた．

本実験では，複数の特定の Message ID を有するメールの 1 分あたりの通数の時系列データに，それぞれ ChangeFinder を適用した．そして，あるしきい値を設けて，しきい値異常のスコアが出た数が全体の半数を超えたときに全体

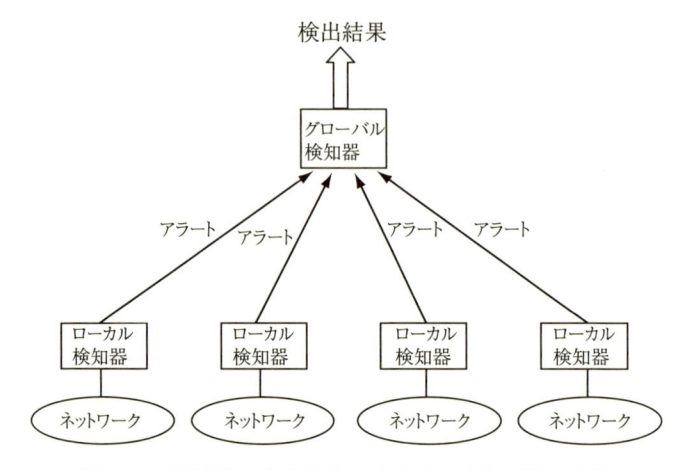

図 4.7　階層的変化点検出による DDOS 攻撃の検知

のアラームを上げる方式を組んだ．その結果，2003 年 7 月 13 日に変化点スコアが異常に高くなり，アラームが上がった．実際，この日には **LOVGATE** と呼ばれる新種ウイルスが発生し，メールサーバの一時停止といった障害を引き起こしていた．このウイルスは受信メール内のメッセージに自身のコピーを添付して返信するワーム型ウイルスであり，トラフィックの急増をもたらしていたのであった．この日に現場が LOVGATE を発見した時刻は 10:00am であったのに対し，ChangeFnider は，1 時間 6 分早く 8:54am にこれを検知することができたという（図 4.6 参照）．ChangeFinder は 7-8 月の期間中，他にも幾つかアラームを上げていた．そのすべてがワームやメールの大量発信を知らせる意味のあるアラームであった．その意味では誤報率はゼロであり，攻撃検出率は 100% であった．これは，セキュリティ監視において ChangeFinder が未知ウイルス発生の早期検出に有効であることを裏付けた一例である．

4.4.3　階層的変化点検出に基づく DDOS 攻撃の検知

複数の地点に分散して DOS 攻撃を行うアタック行為を **DDOS 攻撃 (Distributed Denial of Service attack)** と呼ぶ．

DDOS 攻撃は，個々の地点の変化点を検出するだけでは発生を検知することができない．複数の地点で変化が起こっているという事実を知ることで初めて

4.4 変化点検出の応用例　57

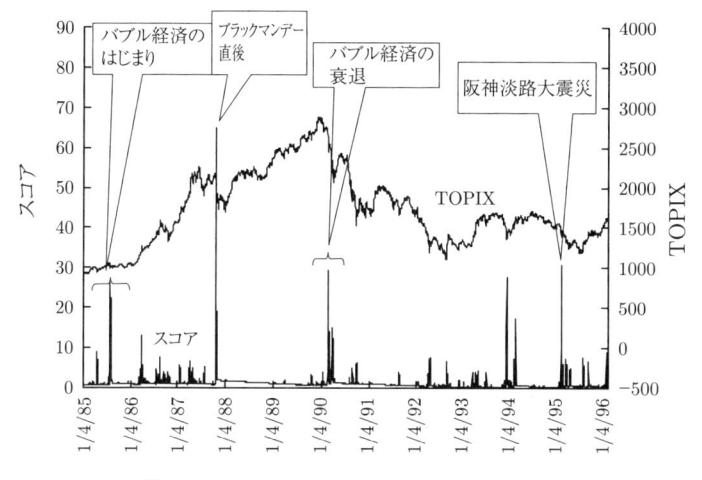

図 4.8　TOPIX データからの変化点検出

検出できるのである．

そこで，村瀬らは，文献 [83] において，そこでは，まず，複数の ChangeFinder を用いる，階層的な DDOS 攻撃検知法を提案している．複数の ChangeFinder を**ローカル検知器 (local detector)** として各所で採取されるトラフィックデータに適用し，次に，そのアラームを**グローバル検知器 (global detector)** が同時性・多発性を集約し，その多数決によって DDOS 攻撃の検出を行う（図 4.7）．

この方法では，DDOS 攻撃が複数の地点にトラフィック異常を同時にもたらすときにのみ警報を出すので，センターで単独に総トラフィックデータを入力として変化点検出を行う場合に比べて誤報を減らせることが期待できる．実際に，本手法により，センターで単独で ChangeFinder を適用するときに比べて最大 29 ％誤報が削減できることが示されている [83]．

4.4.4　東証株価指数の変化点検出

変化点検出手法はセキュリティ上の問題以外にも広い範囲の問題に適用可能である．ここでは，東証株価指数，すなわち **TOPIX(Tokyo Stock Price Index)** データを用いて変化点検出の実験を行った結果を以下に示す．図 4.8

はTOPIXデータを示し，横軸は時間を (year: 1985-1995)，縦軸は日本経済の東証株価指数を示す．本実験では時刻の単位を日とした．

x_t を1次元時系列データとして $y_t = x_t - x_{t-1}$ として2次元の時系列データ (x_t, y_t) をモデル化した．時系列モデリングとスコアリングの双方について4次のARモデルを用いた．その際，$r = 0.005, T = 5, T' = 5$ と設定した．

図 4.8 はまた，縦軸に各時点のスコアを表している．高いスコアをもつ点はindex の急激な変化があったことを示している．実際に，高スコア時点の中には，バブル経済の始まり，ブラックマンデー，バブル経済の衰退，阪神淡路大震災などに対応する時点が，いずれもスコアの鋭いピークによって検出されていた．これは本アプローチによって現実の社会現象にリンクした有意義な変化点が検出できていることを示している．

4.5 変化点検出の動向

大量のデータストリームに対する変化点検出に関する研究は近年盛んに進められている．文献 [31] では，元の時系列に Sketch と呼ばれる，線形変換による一種の次元圧縮を施して変化点検出する方法を提案している．そこでは，Sketchによって効率的に計測値の近似計算を行いながら，その計測値の時系列データにARIMA モデルなどを用いて当てはめ，その予測誤差が標準偏差の定数倍を超えたものを変化点としている．

また，前節で示した変化点検出手法は AR モデルというパラメトリックな時系列確率モデルの学習に基づいて行われてきた．本手法は AR モデル以外のパラメトリックな時系列モデルに対してもそのまま拡張できる．一方，モデルを完全にノンパラメトリックなものに展開する方法が Ide and Inoue によって提案されている [23]．

第5章

異常行動検出

5.1 サイバー犯罪の検出と異常行動検出

　1.1 節で述べたように，現在，情報漏洩や不正会計など，組織の内側からの情報犯罪が急増している．そこで，どうにかこれを防ごうとして，あるいは犯罪が実際に起こったときの調査を目的として，現在大量のアクセスログや操作ログが各種組織の中で収集され，蓄積されている．しかし，このようなログの量は膨大であり，単に蓄積しただけでは後に活用することはできない．そこで，不正行為や不審行為を自動的に検出することが求められている．

　ここで，不正行為とは明らかに違反した行為であるから，守るべきルールをポリシーとして記述して，それに反する行為を検出することができる．一方，不審行為とは不正行為に入るかどうかが微妙であり，疑わしい行為である．情報犯罪者の手口も巧妙になってきているので，今や情報犯罪の手口のほとんどは，明らかな不正行為として検知できるものではなく不審行為として発見されるものであるといってよい．よって，このような不審行為を効率的に探索したり，リアルタイムに検出することが重要である．ここに求められる技術が**異常行動検出 (anomalous behavior detection)** と呼ばれる技術である．

　前章で紹介した変化点検出技術では，時系列データのローカルな異常変化を検出することを目的としていた．一方，異常行動検出では，一連の行動履歴の「中身」まで見て，「いつもと異なる振る舞いをしている」といった，よりマクロな異常を検出することである．

　例えば，**なりすまし検出 (masquerade detection)** の問題を考えよう．今，

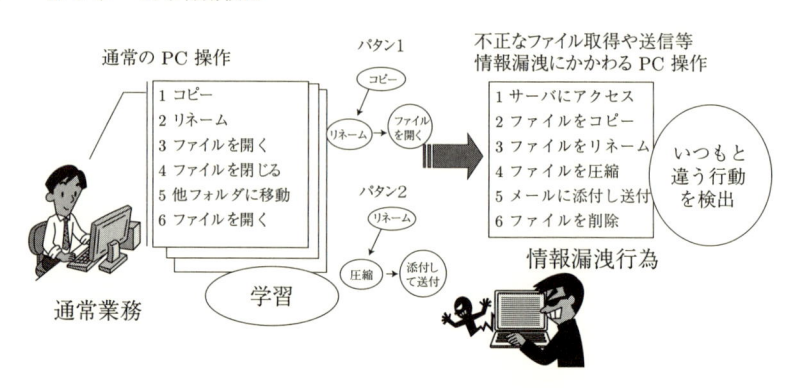

図 5.1 情報漏洩行為の検出

オペレーションセンターなどでオペレータが定型業務を行っているとする．そのとき，オペレータのコンピュータ操作履歴は，ある程度の揺らぎを伴いつつも，おおまかな操作パタンを幾つか示すであろう．ここで，オペレータになりすました悪意ある何者かが，機密情報を漏洩するような犯罪行為を犯したとする．このような「なりすまし (masquerade)」をコンピュータの操作履歴から同定するにはどうしたらよいであろうか？

それには，コンピュータの操作履歴の振る舞いを調べ，いつもの操作パタンと比べて異常な振る舞いであるかどうかを調べることが最も素直な方法であるだろう．これが「異常行動検出」の基本的考え方である．

ここで，異常行動を検出する上で参照とする「いつもの操作パタン」があらかじめわかっていれば，それをかき下すのが手っ取り早い．しかしながら，そのようなパタンはあらかじめわかっていないことが多く，わかっていたとしても容易に記述できるとは限らない場合が多い．そこで，「いつもの操作パタン」を学習によって抽出することが求められるのである（図 5.1）．

5.2 ナイーブベイズ法による異常行動検出

学習型の異常行動検出として，最も単純な方法としては，**ナイーブベイズ法 (Näive Bayes method)** と呼ばれる方法が存在する．これは，操作コマンドそのものの分布をヒストグラムの形で学習し，その分布から外れた操作履歴が

5.2 ナイーブベイズ法による異常行動検出

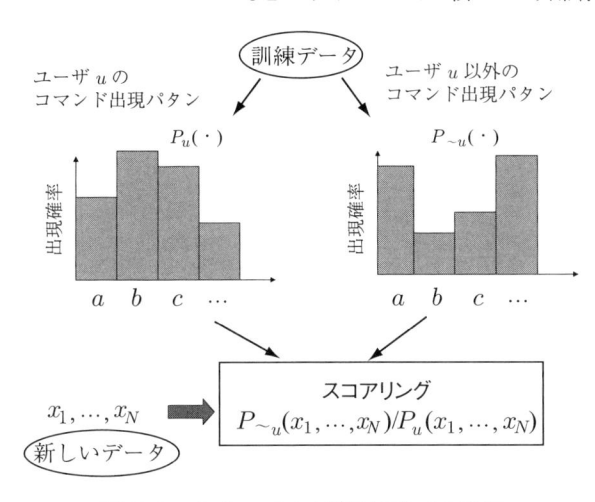

図5.2 ナイーブベイズ法に基づく検出

入ってきたら，これに対してアラームを上げるというものである．

ここでは，ナイーブベイズ法を文献 [43] に従って紹介しよう．ユーザが複数いるものとし，各ユーザの操作コマンドは有限集合 $\mathcal{A}$ に値をとるものとする．まず，ユーザ u に対して，各コマンド x の生起確率分布 $P_u(x)$ は独立であるとして，これを訓練データから推定する．すなわち，n 個のコマンドからなるシンボル列が与えられたとき，各シンボル $a \in \mathcal{A}$ についてその発生確率は，n_a を出現頻度として，

$$P_u(x=a) = \frac{n_a + \alpha}{n + \alpha|\mathcal{A}|} \tag{5.1}$$

と計算する．ここに，α は与えられた正数であり，3.3.2 項にも登場した**ラプラス推定 (Laplace estimation)** の方法である．Krichevsky and Trofimov のラプラス推定の理論によれば，通常，$\alpha = 1/2$ と設定される [30]．

次に N 個のコマンド列からなる新たなセッション $x^N = x_1, \cdots, x_N$ が与えられたとき，その生起確率を以下で計算する．

$$P_u(x_1, \cdots, x_N) = \prod_{i=1}^{N} P_u(x_i). \tag{5.2}$$

同様に，u 以外のユーザ全体について各コマンドの生起確率分布を計算したも

のを $P_{\sim u}(x)$ とするとき，

$$P_{\sim u}(x_1, \cdots, x_N)/P_u(x_1, \cdots, x_N) \qquad (5.3)$$

を，各ユーザ u について x^N の異常スコアとして算出する（図5.2）．この異常スコアの降順にデータをソートして，上位のデータを異常と判定する．またはしきい値を設けて異常を判定する．すなわち，特定のユーザに関するセッションの発生確率が，他のユーザに関するそれに比べて有意に小さくなるとき，なりすましが起こったと考えるのである．

しかし，この方式は主に，珍しいコマンドが出てきた場合にアラームを出すにとどまっている．つまり，「動き」を捉えることはできていない．コマンドの出現頻度だけを見るとなんら変わりはなくても，コマンドが発生する時間的順序を見ると，いつもと違っているという異常もあるであろう．しかし，ナイーブベイズ法ではそのような異常は検出できないことになる．

この時間的順序は，操作履歴の「行動」そのものを表す重要な要素である．行動パタンを学習するには，そのような動的な要素を加えて学習する必要がある．

5.3 異常行動検出エンジン AccessTracer

前節の最後で見たように，行動は「動き」を伴い，いつもの振る舞いを学習するためには，「動きのパタン」を表現することが重要である．さらに現実のコマンド履歴などの行動履歴には「動き」のパタンは複数混在しており，パタンの数やその内容が時間とともに変化する．

文献 [82],[67] では，このように「動き」を確率モデルで表現し，「非定常」な環境の下でも精度良く異常行動を検出するための手法を提案している．ここでは，[82],[67],[85] にならって **AccessTracer** と呼ぶことにしよう．

本節では AccessTracer の原理を紹介する．

5.3.1 AccessTracer の基本原理

ある一まとまりの行動履歴（例：一定時間のコマンド履歴）を示す時系列データをセッション (session) と呼ぶ．AccessTracer は，セッションの時系列か

5.3 異常行動検出エンジン AccessTracer

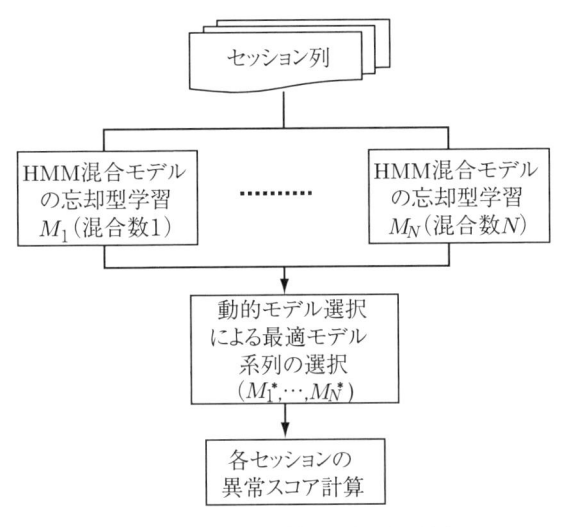

[図: セッション列 → HMM混合モデルの忘却型学習 M_1(混合数1) … M_N(混合数N) → 動的モデル選択による最適モデル系列の選択 $(M_1^*,\cdots,M_N^*)$ → 各セッションの異常スコア計算]

図 5.3 異常行動検出の処理の流れ

ら行動パタンを学習し,セッション単位で異常スコアリングを行う.以下に AccessTracer の基本原理の 3 つのポイントを示す(図 5.3).

I) **隠れマルコフモデルの混合分布による行動モデリング**

 セッションの発生分布を隠れマルコフモデル (**HMM; Hidden Markov Model**) の混合分布 (**mixture distribution**) で表現する(以下,混合隠れマルコフモデル (**HMM mixture**) と略する).すなわち,コマンドの遷移関係などの 1 つの行動パタンを隠れマルコフモデルで表し,複数の行動パタンが現れる可能性があることを,それらの線形結合である混合分布で表す.そのときの混合している数(混合数)は異なる行動パタンの数に相当する.

II) **複数の混合隠れマルコフモデルのオンライン忘却型学習**

 異なる混合数をもつ「混合隠れマルコフモデル」を用意し,各々のパラメータを並列に,「オンライン忘却型学習アルゴリズム」の 1 つである **SDHM(Sequentially Discounting Hidden Markov mixture learning)** アルゴリズムを用いて学習する.ここで SDHM アルゴリズムは SmartSifter における SDEM アルゴリズムと同様に,過去のデータ

による影響を徐々に減らしながら混合隠れマルコフモデルを学習するアルゴリズムである．

III) **動的モデル選択による最適混合数の決定**

II) で学習された，異なる混合数をもつ「混合隠れマルコフモデル」の中で最適な混合数をもつものを，**動的モデル選択規準 (Dynamic Model Selection criterion)** と呼ばれる情報理論的な規準に基づいて選択する．最適な混合数の時間的変化は行動パタンの構造的な変化を意味する．

IV) **スコアリング**

学習されたモデルに基づき，各セッションの異常スコアを**ユニバーサル検定等計量 (universal test statistics)** を用いて計算する．その際，スコアに対する異常性の判定しきい値を動的に決定する．

上の I)–IV) の詳細を以下に説明しよう．

数学的手段は後まわしにして，実用性を先に知りたい読者は 5.4 節に進まれたい．

5.3.2 行動モデリング

$\mathcal{S}$ をその総数が $|\mathcal{S}| = N_1$ である状態集合とする．$\mathcal{Y}$ をその総数が $|\mathcal{Y}| = N_2$ である異なるイベントシンボルの集合とする．ここに N_1 と N_2 は与えられた正の整数である．$\{\boldsymbol{y}_1, \cdots, \boldsymbol{y}_M\}$ を M 個のセッションより構成されるセッション列であるとする．ここに，$\boldsymbol{y}_j = (y_{j1}, \cdots, y_{jt}, \cdots, y_{jT_j}) \in \mathcal{Y}^{T_j}$ は長さ T_j $(j = 1, \cdots, M)$ の j 番目のセッションを表す．y_{jt} は j 番目のセッションの t 番目の観測イベントを表す．セッションは $\boldsymbol{y}_1, \boldsymbol{y}_2, \cdots$ の順に与えられるとする．

時系列データが与えられたとき，セッション列の作り方は，例えば，図 5.4 に示すように，重なりのないように時系列データを区切っていく方法 (A) や，一定のウインドウを設けて，これをスライディングさせながらセッション列を構成していく方法 (B) などがある．

K を与えられた正整数として，各セッションは K 個の成分をもつ**混合隠れマルコフモデル (HMM mixture)** に従って生起されていると仮定する．

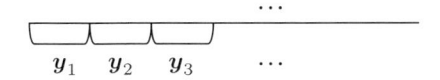

5.3 異常行動検出エンジン AccessTracer

(A) 重なりなく区切ってセッションを作る方法

(B) ウインドウをずらしてセッションを作る方法

図 **5.4** セッションの作り方

$$P(\boldsymbol{y}_j \mid \theta) = \sum_{k=1}^{K} \pi_k P_k(\boldsymbol{y}_j \mid \theta_k).$$

ここに π_k は $\pi_k > 0$, $\sum_{k=1}^{K} \pi_k = 1\,(k=1,\cdots,K)$ を満たす混合係数である．また，$P_k(\cdot \mid \theta_k)$ は k 番目の成分に対応する隠れマルコフモデルであり，パラメータベクトル θ_k で指定されているものとする（その詳細なパラメータ構造は後述する）．ここで，パラメータの全体を $\theta = (\pi_1,\cdots,\pi_K,\theta_1,\cdots,\theta_K)$ のようにかく．

各 $P_k(\cdot \mid \theta_k)$ を具体的にかき下そう．n を与えられた正整数として，各セッションが，n 次の隠れマルコフモデルに従って確率的に生起することを仮定する．n 次の隠れマルコフモデルとはその確率分布が以下で与えられるモデルである．つまり，$(s_1,\cdots,s_{T_j}) \in \mathcal{S}^{T_j}\,(j=1,\cdots,M)$ を隠れ状態のベクトルとして次式で表される．

$$\begin{aligned}&P_k(\boldsymbol{y}_j \mid \theta_k) \quad\quad\quad\quad\quad\quad\quad\quad\quad\quad\quad\quad (5.4)\\ &= \sum_{(s_1,\cdots,s_{T_j})} \gamma_k(s_1,\cdots,s_n) \prod_{t=n+1}^{T_j} a_k(s_t \mid s_{t-1},\cdots,s_{t-n}) \prod_{t=1}^{T_j} b_k(y_t \mid s_t).\end{aligned}$$

ここに，(5.4) における和は $(s_1,\cdots,s_{T_j})$ のあらゆる組合せの集合上でとられるものとする．ここに $\gamma_k(\cdot)$ は隠れ状態ベクトル $(s_1,\cdots,s_n) \in \mathcal{S}^n$ の初期確率分布である．$a_k(\cdot|\cdot)$ と $b_k(\cdot|\cdot)$ は遷移確率である．そこで，この隠れマルコフ

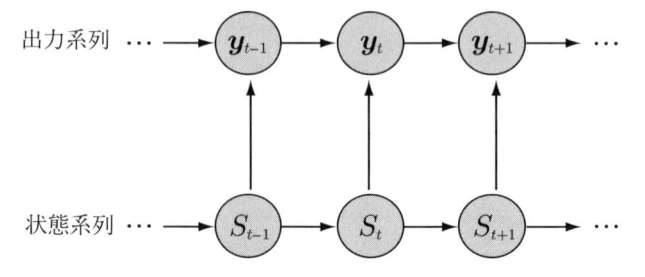

図 5.5 隠れマルコフモデル

モデルを指定するパラメータ θ_k を $\theta_k = (\gamma_k(\cdot), a_k(\cdot|\cdot), b_k(\cdot|\cdot))$ として定める．特に図 5.5 に，1 次の隠れマルコフモデルを模式的に示す．

前節で紹介したナイーブベイズモデルは混合隠れマルコフモデルにおいて $n = 1$, $K = 1$, $N_1 = 1$, かつ $\mathcal{S}$ が単一の状態 $\{s\}$ からなる場合に相当する．この場合 (5.4) は下記のようにかける．

$$P_k(\boldsymbol{y}_j \mid \theta_k) = \prod_{t=1}^{T_j} b_k(y_t \mid s).$$

Baum-Welch アルゴリズム

単体の隠れマルコフモデルのパラメータを推定するアルゴリズムとしては **Baum-Welch** のアルゴリズム [5] が知られている．1 つのセッションからパラメータを推定する際には，このアルゴリズムを用いることになる．まず，これを単独でかき下そう．

状態空間を $\mathcal{S} = \{s_1, \cdots, s_{N_1}\}$ とする．イベントシンボル集合の元を $\mathcal{Y} = \{e_1, \cdots, e_{N_2}\}$ とする．時刻 t における状態変数を q_t で表す．式 (5.4) のモデルにおいて，状態 s_i から状態 s_j に遷移する確率 $a(s_j|s_i)$ を a_{ij} と記す．状態 s_i からシンボル e_k を出力する確率 $b(e_k|s_i)$ を $b_i(k)$ と記す．状態 s_i である初期確率を γ_i と記す．

今，長さ T の 1 セッション $\boldsymbol{y} = y_1, \cdots, y_T$ が与えられているとする．

時刻 t $(1 \leq t \leq T)$ で状態 s_i にあり，その時刻までの系列を出力する確率を $\alpha_{i,t}$ とする．

$$\alpha_{i,t} = Prob[y_1, \cdots, y_t \text{ and } q_t = s_i].$$

時刻 t で状態 s_i にいるとして，時刻 $t+1$ から最後までの系列を出力する確率を $\beta_{i,t}$ とする．

$$\beta_{i,t} = Prob[y_{t+1}, \cdots, y_T | q_t = s_i].$$

時刻 t で状態 s_i にあり，時刻 $t+1$ で状態 s_j にある確率を $\tau_{i,j,t}$ とする．

$$\tau_{i,j,t} = Prob[q_t = s_i \text{ and } q_{t+1} = s_j].$$

時刻 t で状態 s_i にある確率を $\tau'_{i,t}$ とする．

$$\tau'_{i,t} = Prob[q_t = s_i].$$

Baum-Welch アルゴリズムは $\alpha, \beta, \tau, \tau'$ を隠れ変数とする一種の EM アルゴリズムであり，以下のように各パラメータを更新する．

E-Step. ($\alpha, \beta, \tau, \tau'$ の推定)
α について (forward 型推定)：

$$\alpha_{i,1} = \gamma_i b_i(y_1), \quad \alpha_{j,t+1} = \left(\sum_{i=1}^{N_1} \alpha_{i,t} a_{ij} \right) \ (t = 1, \cdots, T-1).$$

β について (backward 型推定)：

$$\beta_{i,T} = 1, \quad \beta_{i,t} = \sum_{j=1}^{N_1} a_{ij} b_j(y_{t+1}) \beta_{j,t+1} \ (t = 1, \cdots, T-1).$$

τ について：

$$\tau_{i,j,t} = \frac{\alpha_{i,t} a_{ij} b_j(y_{t+1}) \beta_{j,t+1}}{\sum_{i=1}^{N_1} \sum_{j=1}^{N_1} \alpha_{i,t} a_{ij} b_j(y_{t+1}) \beta_{j,t+1}}.$$

τ' について：

$$\tau'_{i,t} = \sum_{j=1}^{N_1} \tau_{i,j,t}.$$

M-Step. (a, b, γ' の推定)

$$\gamma_i = \tau'_{i,1},$$

68　第 5 章　異常行動検出

$$a_{i,j} = \frac{\sum_{t=1}^{T-1} \tau_{i,j,t}}{\sum_{t=1}^{T-1} \tau'_{i,t}},$$

$$b_j(k) = \frac{\tilde{\sum}_{t=1}^{T} \tau'_{j,t}}{\sum_{t=1}^{T} \tau'_{j,t}}.$$

最後の式の $\tilde{\sum}_{t=1}^{T}$ は $y_t = e_k$ であるような t に関して和がとられるものとする．

上記 Baum-Welch アルゴリズムは，次項に示す SDHM アルゴリズムの中で各隠れマルコフモデルのパラメータを推定する際に使用することになる．

5.3.3　SDHM アルゴリズム

次に，各固定された混合数に対して，混合隠れマルコフモデルをオンラインで忘却型に学習する方法を与えよう．本アルゴリズムは隠れマルコフモデル学習のための Baum-Welch アルゴリズム [5] と SmartSifter における SDEM アルゴリズムのハイブリッド（複合型）であると見なすことができる．これを **SDHM(Sequentially Discounting Hidden Markov mixture learning)** アルゴリズムと呼ぶことにする．以下に本アルゴリズムの動作原理を説明する．

各 $k = 1, \cdots, K$ に対して，SDHM アルゴリズムはセッション $\boldsymbol{y}_j$ が順次与えられるごとに，これを入力として，E-Step と M-Step をともに一度だけ実行し，パラメータ $\theta_k = (\pi_k(\cdot), \gamma_k(\cdot), a_k(\cdot|\cdot), b_k(\cdot|\cdot))$ の推定値を出力する．

アルゴリズムの詳細を図 5.6 に示す．

E-Step では**メンバーシップ確率 (membership probability)** と呼ばれる値 c_{jk} を更新する．これは j 番目のセッションが k 番目の成分である隠れマルコフモデル $P_k(\cdot|\theta_k)$ から生成される確率である．

M-Step ではパラメータ θ_k を更新する．両ステップにおいて，**忘却パラメータ (discounting parameter)** $0 < r < 1$ を導入し，既出の SDEM アルゴリズムや SDAR アルゴリズムと同様に，各イテレーションごとに過去のデータの影響を徐々に減少させる．r の値が大きいほど，過去のデータの影響を少なくする．より具体的には，M-Step においては，$\gamma_{k,1}, a_{k,1}, b_{k,1}$ といった混合隠れマルコフモデルの十分統計量を，新しい統計量と 1 つ前までの統計量の重みの

Given:
 r:忘却パラメータ
 ν: 推定係数
 K: 混合数
 n: HMM の次数
 M: データ数

初期化：
 for all $k = 1, \cdots, K$
 Set $\pi_k^0, \gamma_{k,1}^{(0)}(\cdot), \gamma_k^{(0)}(\cdot), a_{k,1}^{(0)}(\cdot), a_k^{(0)}(\cdot|\cdot), b_{k,1}^{(0)}(\cdot), b_k^{(0)}(\cdot|\cdot)$

パラメータ更新：
 for $j = 0, 1, \cdots, M - 1$

E-step:
 for all $k = 1, \cdots, K$
$$c_{jk}^{(j)} = (1 - \nu r) \frac{\pi_k^{(j)} P_k(\boldsymbol{y}_j \mid \theta_k^{(j)})}{\sum_k \pi_k^{(j)} P_k(\boldsymbol{y}_j \mid \theta_k^{(j)})} + \frac{\nu r}{K}$$

M-step:
 for all $k = 1, \cdots, K$,
 for all $y \in \mathcal{Y}$,
 for all $s \in \mathcal{S}$,   for all $(s_1, \cdots, s_n, s_{n+1}) \in \mathcal{S}^{n+1}$,
 ($\tau_{k,s_1,\cdots,s_n,s_{n+1},t}$ と $\tau'_{k,s,t}$ は Baum-Welch アルゴリズムによって算出する)

$$\pi_k^{(j+1)} = (1-r)\pi_k^{(j)} + rc_{jk}^{(j)}$$

$$\gamma_{k,1}^{(j+1)}(s_1, \cdots, s_n) = (1-r)\gamma_{k,1}^{(j)}(s_1, \cdots, s_n) + rc_{jk}^{(j)} \sum_{s_{n+1}} \tau_{k,s_1,\cdots,s_{n+1},1}$$

$$\gamma_k^{(j+1)}(s_1, \cdots, s_n) = \gamma_{k,1}^{(j+1)}(s_1, \cdots, s_n) / \sum_{(s_1,\cdots,s_n)} \gamma_{k,1}^{(j+1)}(s_1, \cdots, s_n)$$

$$a_{k,1}^{(j+1)}(s_1, \cdots, s_n, s_{n+1})$$
$$= (1-r)a_{k,1}^{(j)}(s_1, \cdots, s_n, s_{n+1}) + rc_{jk}^{(j)} \sum_{t=1}^{T_j - n} \tau_{k,s_1,\cdots,s_{n+1},t}$$

$$a_k^{(j+1)}(s_{n+1} \mid s_n, \cdots, s_1)$$
$$= a_{k,1}^{(j+1)}(s_1, \cdots, s_n, s_{n+1}) / \sum_{s_{n+1}} a_{k,1}^{(j+1)}(s_1, \cdots, s_n, s_{n+1})$$

$$b_{k,1}^{(j+1)}(s, y) = (1-r)b_{k,1}^{(j)}(s, y) + rc_{jk}^{(j)} \sum_{t=1 \wedge y_t = y}^{T_j} \tau'_{k,s,t}$$

$$b_k^{(j+1)}(y \mid s) = b_{k,1}^{(j+1)}(s, y) / \sum_y b_{k,1}^{(j+1)}(s, y)$$

図 **5.6** SDHM アルゴリズム

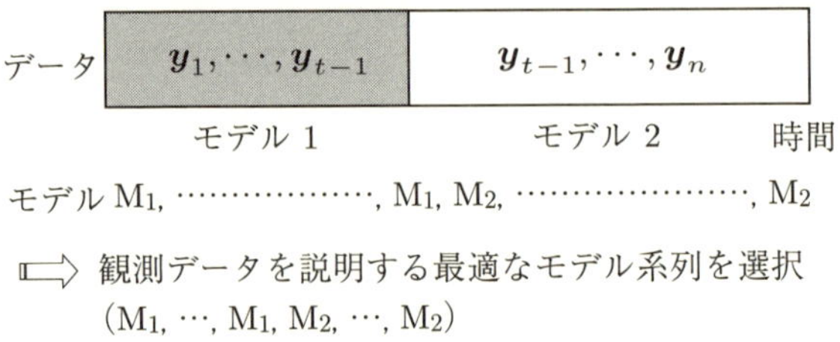

```
    データ  | y₁,…,y_{t-1} | y_{t-1},…,y_n |
              モデル 1         モデル 2        時間
    モデル M₁, ……………, M₁, M₂, ………………, M₂

    ⇨ 観測データを説明する最適なモデル系列を選択
      (M₁, …, M₁, M₂, …, M₂)
```

図 5.7　動的モデル選択

比を $r:1-r$ とした重みつき平均の形で更新していく．

$\tau_{k,s_1,\cdots,s_n,s_{n+1},t}$ は，$t-n$ から t までの状態系列が $s_1,\cdots,s_{n+1}$ である**状態確率 (state probability)** を意味する．一方，$\tau'_{k,s,t}$ は，t における状態が s である状態確率を表す．これらの確率は，すでに説明した Baum-Welch アルゴリズムを用いて更新する．

E-Step においては，c_{jk} の推定値を安定化する目的としてパラメータ ν を導入した．$\sum_{t=1 \wedge y_t=y}^{T_j}$ という記号は和が $y_t = y$ のときのみとられることを意味する．

1 次の HMM の K 個の混合成分をもつ混合隠れマルコフモデルを SDHM アルゴリズムで学習するための総計算時間は，入力セッション数を M として，$O(KM(N_1^2 + N_1 N_2))$ で与えられる．ここに N_1 は総状態数，N_2 は異なるイベントシンボル数を表す．

5.3.4　動的モデル選択

次に混合隠れマルコフモデルの混合数 K の最適値を求めることを考える．K の値は行動パタンがいくつあるかを示している．当然，この値は時間的に変化する．K の値が増えることは，新たな行動パタンが出現することを意味し，K の値が減ることは，すでに存在する行動パタンが消滅することを意味する．そのような行動パタンの数を指定する K は確率モデルの構造そのものを大きく規定するものである．時間とともに K が変化するとき，そのダイナミックな構造変化を検出することを**動的モデル選択 (Dynamic Model Selection; DMS)** と呼ぶ．ここでは，文献 [68] に基づいて，K の最適値の時系列をダイナミック

に求める手法を与える．

文献 [68] によれば，DMS は大きく 2 つのタイプに分かれる．1 つは**逐次型動的モデル選択 (sequential DMS)** であり，もう 1 つは**一括型動的モデル選択 (batch DMS)** である．前者はセッションの入力が逐次的に与えられるごとに K の最適値を出力する方式である．リアルタイム処理に適している．一方，後者はすべてのセッションからなるデータ列が一括入力として与えられたときに最適な K の時系列を出力する方式である．過去を回顧するのに適している．ここでは両者の適用法を示す．

ここで，本問題では「モデル」とは隠れ混合マルコフモデルの混合数のことを指すが，以下の議論は一般の動的なモデルの選択に適用できることに注意したい．

逐次型動的モデル選択

逐次型 DMS では，混合数の異なる混合隠れマルコフモデルを複数用意して，1 つのセッションが入力されるごとに，これらのパラメータを並列に学習し，Rissanen の**予測的 MDL 規準 (predictive MDL criterion)** [48] と呼ばれる情報理論的なモデル選択規準に基づいて選択していく．

予測的 MDL 規準とは，予測的確率的コンプレキシティと呼ばれる量を目的関数として，これを最小にするようなモデルを最良なモデルとして選択するモデル選択基準である．

与えられたセッション列 $\bm{y}^j = \bm{y}_1, \cdots, \bm{y}_j$ に対して，混合数が K の混合隠れマルコフモデル $P(\cdot|\theta)$ に関する**予測的確率的コンプレキシティ (predictive stochastic complexity)** [48] を以下のように定義する．

$$I(\bm{y}^j : K) = \sum_{j'=1}^{j} -\log P(\bm{y}_{j'} \mid \theta^{(j'-1)}). \tag{5.5}$$

ここに $\theta^{(j'-1)}$ は過去のデータ列 $\bm{y}_1, \cdots, \bm{y}_{j'-1}$ からオンライン忘却型学習アルゴリズムによって推定されるパラメータである．

情報論的観点に立つと，(5.5) の量はデータ列 $\bm{y}_1, \cdots, \bm{y}_j$ を逐次的にその発生確率分布を推定しながら，これに基づいて各時刻 j' にて $\bm{y}_{j'}$ を符号長

$$-\log P(\boldsymbol{y}_{j'} \mid \theta^{(j'-1)})$$

で逐次的に符号化していく場合の総符号長であると見なすことができる．これを**予測符号化**と呼ぶ．予測的 MDL 原理についての理論的詳細は 8.4.3 項に記しているので，興味ある読者はこちらも参照されたい．

予測的 MDL 原理に基づくと，各時刻 j にて，可能な範囲のすべての K の中で，$I(\boldsymbol{y}^j : K)$ を最小化する $K_j^* = K$ を選ぶ戦略が得られる．

そこで，ある時点 j で最適な混合数 K_j^* が K_{j-1}^* よりも増加していれば，その時点で新しい行動パタンが形成されたと考えることができる．そのとき出現した新しい成分を調べることにより，どんな行動パタンが現れたかを知ることができる．同様に，ある時点 j で K_j^* が K_{j-1}^* より小さな値をとる場合は，あるパタンがその時点で消滅したと考えることができる．

一括型動的モデル選択

一括型動的モデル選択は，任意のデータサイズ（セッション数）M に対して，セッション列 $\boldsymbol{y}^M = \boldsymbol{y}_1, \cdots, \boldsymbol{y}_M$ からモデル列 $K^M = K_1, \cdots, K_M$ を選ぶことである．

以下では，混合数が K で，すべての実数値パラメータが θ で指定される混合隠れマルコフモデルを $P(\boldsymbol{y}|\theta, K)$ と記す．

ここで，すべての j に対して，K_j は $K^{j-1} = K_1, \cdots, K_{j-1}$ から決まると仮定し，**モデル遷移確率 (model transition probability)** を導入する．これは K^{j-1} が与えられたときに $K_j = K$ をとる確率が α を未知パラメータとして $P(K_j = K|K^{j-1} : \alpha)$ で表されるものと定める．

K_0 の初期値は任意に与えるとする．セッション列 $\boldsymbol{y}^M = \boldsymbol{y}_1, \cdots, \boldsymbol{y}_j, \cdots, \boldsymbol{y}_M$ とモデル列 $K^M = K_1, \cdots, K_j, \cdots, K_M$ が与えられたとき，モデル列の良し悪しを測る**一括型動的モデル選択規準 (batch DMS criterion)** を以下のように定める．

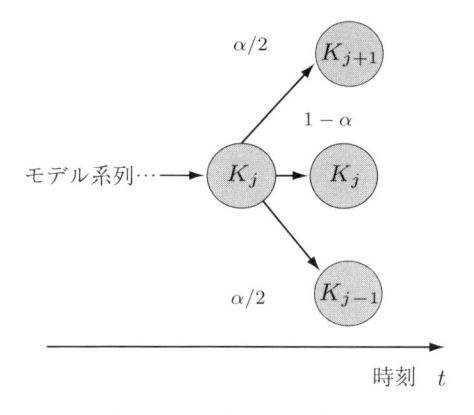

図 5.8　モデル遷移確率

$$\ell(\boldsymbol{y}^M : K^M) = \sum_{j=1}^{M} -\log P(\boldsymbol{y}_j | \theta^{(j-1)} : K_j)$$
$$+ \sum_{j=1}^{M} -\log P(K_j | K^{j-1} : \alpha^{(j-1)}). \quad (5.6)$$

ここに，各時点 j において，$\theta^{(j-1)}$ は過去のデータである $\boldsymbol{y}^{j-1}$ から，オンライン忘却型アルゴリズム SDHM を用いて推定されたパラメータ θ の推定値であり，$\alpha^{(j-1)}$ は過去のモデル列 K^{j-1} から推定された α の推定値である．ここで，(5.6) の右辺の最初の項は K^M に対する $\boldsymbol{y}^M$ の予測的確率的コンプレキシティであり，第 2 項は K^M 自身の予測的確率的コンプレキシティである．よって，一括型動的モデル選択規準である (5.6) は $\boldsymbol{y}^M$ と K^M を同時に予測的に符号化した際の符号長と見なすことができる．一括型動的モデル選択においては，$\boldsymbol{y}^M$ を入力として (5.6) を最小化する $K_1^*, \cdots, K_M^* = K^{*M}$ を出力する．

一般に，一括型動的モデル選択で得られるモデル列は逐次型動的モデル選択で得られるそれとは一般に異なる．総符号長という観点からは，一括型動的モデル選択のほうが短い値を実現できるということが知られている ([68] 参照)．

本書では，各時刻において特にモデルは近隣のモデルにしか遷移しないと仮定する．すなわち，モデル遷移確率は以下の形式に制限されることを仮定する．

$$P(K_0) = 1/K_{max}, \tag{5.7}$$

$$P(K_j|K_{j-1}:\alpha) = \begin{cases} 1-\alpha & \text{if } K_j = K_{j-1} \text{ and } K_{j-1} \neq 1, K_{max}, \\ 1-\alpha/2 & \text{if } K_j = K_{j-1} \text{ and } K_{j-1} = 1 \text{ or } K_{max}, \\ \alpha/2 & \text{if } K_j = K_{j-1} \pm 1. \end{cases}$$

ここに $0 < \alpha < 1$ は未知パラメータであり，K_{max} は K のとりうる最大数であるとする．モデル遷移確率のイメージを図 5.8 に示す．

そこで，(5.6) の最小値を実現するモデル系列を効率的に算出するアルゴリズムを文献 [68] にならって図 5.9 に与える．このアルゴリズムの特徴は以下にまとめることができる．

(A) ラプラス推定によるモデル遷移確率の推定

(5.7) における α は Krichevsky and Trofimov によるラプラス推定の方法 [30] によって推定する．（ラプラス推定については式 (3.4)，(5.1) を参照せよ．）

(B) 動的計画法による最適モデルパスの選択

式 (5.6) を最小化する最適なモデル列のパスは Viterbi アルゴリズム [62] のような動的計画法を用いて求める．その計算時間は $O(K_{max}M^2)$ で与えられる．

ひとたび，最適なモデル列が求まると，逐次型動的モデル選択の場合と同様，その系列の変化点を調べることによって，行動パタンの出現や消滅を同定することができる．

5.3.5　異常スコアリング

各セッションには異常スコアを計算する．この異常スコアの値が高いほどセッションが異常である可能性が高いと見なす．本項では異常スコア計算法について説明する．

j 番目の観測されたセッションを $\boldsymbol{y}_j$ とし，その長さを T_j とし，それまでに学習された混合隠れマルコフモデルを P とするとき，このセッションの異常ス

Given:

K_{max}: K の最大値
M: データ数
For each K, $\theta^{(0)}$: 初期パラメータ値

初期化:

$j = 1$
For each K,
$S(K, 0, 1) = \log K_{max} - \log P(\boldsymbol{y}_1 \mid \theta^{(0)} : K)$,
$\boldsymbol{K}(K, 0, 1) = (K)$.

Procedure:

$N_{K,j}$: $K_1, \cdots, K_j = K$ における変化点の数
$P(K|K', \alpha(N_{K',j-1}))$: (5.7) の α に $\alpha(N_{K',j-1})$ を代入して得られる確率値
For each K, $N_{K,j}$, j, $(j = 2, \cdots, M, N_{K,j} = 0, \cdots, j-1)$

モデル選択:

$$S(K, N_{K,j}, j)$$
$$= \min_{K', N_{K',j-1}} \{S(K', N_{K',j-1}, j-1) - \log P(\boldsymbol{y}_j | \theta^{(j-1)} : K)$$
$$- \log P(K|K', \alpha(N_{K',j-1}))\},$$

$$(\tilde{K}, \tilde{N}_{\tilde{K},j-1})$$
$$= \arg \min_{K', N_{K',j-1}} \{S(K', N_{K',j-1}, j-1) - \log P(\boldsymbol{y}_j | \theta^{(j-1)} : K)$$
$$- \log P(K|K', \alpha(N_{K',j-1}))\},$$
$$\boldsymbol{K}(K, N_{K,j}, j) = \boldsymbol{K}(\tilde{K}, \tilde{N}_{\tilde{K},j-1}, j-1) \oplus K.$$

モデル遷移確率の推定:

$$\alpha(N_{K,j}) = \frac{N_{K,j} + \frac{1}{2}}{j}.$$

最適モデル列のパスの出力:

$j = M$
$(K_M^*, N_{K_M^*, M}^*) = \arg\min_{K, N_{K,M}} S(K, N_{K,M}, M)$,
Output $(K_1^*, \ldots, K_M^*) = \boldsymbol{K}(K_M^*, N_{K_M^*, M}^*, M)$.

図 **5.9** 一括型動的モデル選択アルゴリズム

コアを

$$Score(\boldsymbol{y}_j) = -\frac{1}{T_j} \log P(\boldsymbol{y}_j \mid \theta^{(j-1)}) \qquad (5.8)$$

または

$$Score(\boldsymbol{y}_j) = -\frac{1}{T_j} \log P(\boldsymbol{y}_j \mid \theta^{(j-1)}) - \frac{1}{T_j} compress(\boldsymbol{y}_j) \qquad (5.9)$$

で定義する．ここに，$\theta^{(j-1)}$ は過去のセッション $\boldsymbol{y}_1, \cdots, \boldsymbol{y}_{j-1}$ より SDHM アルゴリズムによって推定された推定値である．関数 $compress(\boldsymbol{y})$ は $\boldsymbol{y}$ を Lempel-Ziv アルゴリズム [75] を用いて歪なしユニバーサル符号化を行ったときの符号長である．

式 (5.8) の値は，これまでも何度か出てきたシャノン情報量（をセッション長で割ったもの）である．P に対する $\boldsymbol{y}_j$ の対数損失という意味をもつ．一方，式 (5.9) の値はユニバーサル統計検定量 (universal test statistics) と呼ばれる量であり ([76] 参照)，シャノン情報量からユニバーサル符号長を差し引いた値となっている．

ユニバーサル符号長は，一般に，高い規則性をもつ系列に対しては小さく，ランダムな系列に対しては大きな値をとる．よって，式 (5.9) のスコアリングでは，シャノン情報量である第 1 項が等しい値をとる場合は，より高い規則性をもった系列のほうが，第 2 項が小さな値をもつようになり，したがってスコア全体の値としては大きくなる．つまり，ユニバーサル統計検定量は，シャノン情報量に系列自体のコンプレキシティを加味して，ランダムネスをペナルティに加えている量になっている．

ユニバーサル統計検定量の理論的妥当性については，古典的統計的検定の枠組みの中で，第 1 種の誤り確率を一定以下にしつつ，第 2 種の誤り確率がゼロになる収束速度を最大化するといった性質をもつことが示されている [76]．

シャノン情報量 (5.8) とユニバーサル統計検定量 (5.9) はどう使い分けたらよいであろうか？ セッション長が長いときは，上述の理論的な保証があることからもユニバーサル統計検定量 (5.9) を用いるのがよい．しかし，これは漸近的な理論に基づくものなので，セッション長が数十までの短い範囲では，ユニバーサル符号化が十分な圧縮性能をもたないため，シャノン情報量 (5.8) を

5.3 異常行動検出エンジン AccessTracer

時刻 j において $Score(\boldsymbol{y_j}) > \eta(j)$ ならばアラームを上げる

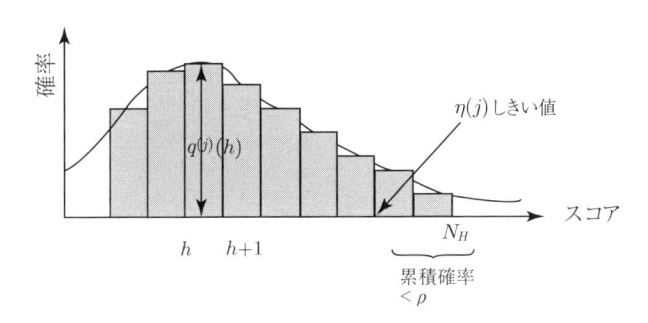

図 5.10 動的なしきい値の設定方法

用いるほうがよい．いずれにせよ，セッションが一般に長いか否かに依存して，どちらかに統一して用いるものとする．

運用の実際的局面においては，しきい値を設定し，異常スコアがしきい値を越えた場合にセッションは異常であると判断するものとする．このとき，スコアの分布に対して，しきい値は最適化されなければならない．ただし，スコア分布は時間とともに変動するので，しきい値も動的に変化するものでなければならない．

そこで，しきい値の動的最適化についての基本的な考え方を以下に述べる．まず，スコアの分布を1次元のヒストグラムを用いてモデル化する．ただし，ヒストグラムは等間隔のセルをもつとする．このヒストグラムをオンライン忘却型に学習する．次に，特定の値 ρ を設定し，ヒストグラムの裾確率が ρ を越えない最大のスコア値をもってしきい値とする．

スコア分布としてのヒストグラムの学習を詳しく述べよう．これはセッションが入力されるごとに逐次的に学習するものとする．今，N_H を与えられた正の整数とする．

$$\left\{ q(h)(h=1,\cdots,N_H) : \sum_{h=1}^{N_H} q(h) = 1 \right\}$$

を N_H 個のセルをもつ1次元のヒストグラムとする．ただし h はセルのインデックスであり，小さい値のインデックスは，小さい異常スコアをもつセルで

Given:
N_H: セルの総数
ρ: しきい値パラメータ　　　$0 < \rho < 1$
λ_H: 推定パラメータ　　　$0 < \lambda_H < 1$
r_H: 忘却パラメータ　　　$0 < r_H < 1$
M: データ数

初期化:
For $j = 1, \cdots, M-1, h = 1, \cdots, N_H,$
$\{q_1^{(1)}(h)\}$ は一様分布であるとせよ．

しきい値最適化:
ℓ を以下を満たす最小のインデックスとして求める．
$\sum_{h'=1}^{\ell} q^{(j)}(h') \geq 1 - \rho.$
$\eta(j) = a + \frac{b-a}{N_H - 2}(\ell - 1)$ とおく．

アラーム出力:
j 番目のセッションについて $Score(\boldsymbol{y}^j) \geq \eta(j)$ のときに限りアラームを上げる．

ヒストグラム更新規則:
もし $Score(\boldsymbol{y}^j)$ がインデックス h で指定されたセルに入るならば
$q_1^{(j+1)}(h) = (1 - r_H)q_1^{(j)}(h) + r_H$
そうでなければ $q_1^{(j+1)}(h) = (1 - r_H)q_1^{(j)}(h).$
$q^{(j+1)}(h) = (q_1^{(j+1)}(h) + \lambda_H)/(\sum_h q_1^{(j+1)}(h) + N_H \lambda_H).$

図 5.11　動的しきい値更新

あるとする．
　$a, b\ (a < b)$ を与えられた正数とし，ヒストグラムの N_H 個のセルを次のようにおく．

$$(-\infty, a),$$
$$\left[a + \frac{b-a}{N_H - 2}\ell,\ a + \frac{b-a}{N_H - 2}(\ell + 1)\right]\ (\ell = 0, 1, \cdots, N_H - 3),$$
$$[b, \infty).$$

$\{q^{(j)}(h)\}$ を j 番目のセッション $\boldsymbol{y}_j$ を入力として学習して得られるヒストグラムとする．これまでの学習アルゴリズムと同様，忘却パラメータ r_H を導入し

て，ヒストグラムはオンライン忘却型で更新する．動的なしきい値更新方法の詳細を図 5.11 に示す．

パラメータの標準値は，例えば，$N_H = 20, \rho = 0.05, \lambda_H = 0.5, r_H = 0.001$ と設定する．

5.4 異常行動検出の応用例

5.4.1 なりすまし検出への応用

AccessTracer による異常検出の方法を UNIX コマンド列からのなりすまし検出の問題に適用した．用いたデータは，Schonlau ら [53] によって用意されたものである．

70 人のユーザによる UNIX コマンド系列からなり，各ユーザのデータは 15,000 コマンドからなる．70 人のユーザは 50 人のターゲットユーザのクラスと 20 人のなりすまし者のクラスの 2 つに分けられる．50 人のターゲットユーザのすべての最初の 5,000 コマンドはなりすましがないとしている．各ターゲットユーザの残りの 10,000 コマンドは 100 コマンドの 100 ブロック（セッション）に分けられている．これらのブロックは 20 人のなりすまし者のブロックのいずれかと置き換えられている．5,000 コマンドの後に 1%の確率でなりすましが起こり，なりすましが起これば，80%の確率で，次もなりすましが生じるものとしてデータは生成されている．本データセットは 'http://www.schonlau.net/' よりダウンロードできる．

各ユーザのデータには，各ブロックがなりすましによるものであるか否かのラベルが付与されている．これらのラベルは評価用に用いるもので，スコアリングに利用しない．また，各ユーザのデータは 10 コマンドからなる 1,500 個のブロックに分かれており，それぞれをセッションとしている．

ここでは，50 人のターゲットユーザのうち，「ユーザ 30」を取り出し，AccessTracer を適用してその挙動を調べた．

図 5.12 にて，曲線は AccessTracer が計算したスコア曲線を示す．1 から 2 に変化する折れ線は動的モデル選択によって選ばれた行動パタンの数（混合隠れマルコフモデルの混合数）を示す．途中で立ち上がり，また下がっている折

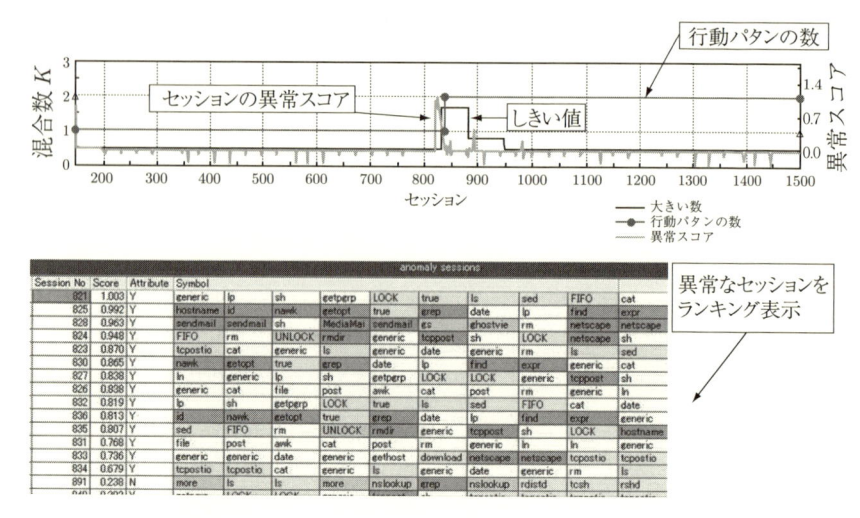

図 5.12　UNIX コマンド列からのなりすまし検出

れ線はしきい値曲線を示す．

　820 番目のセッション前後でスコアが急激に立ち上がっているのがわかる．このユーザの履歴においては，まさにこの部分がなりすましが発生した箇所であった．

　動的モデル選択を，UNIX コマンドを用いた「なりすまし検出」の例を用いて直観的に示す（図 5.13）．ほとんどの場合，正規ユーザは決まった手順の操作をする．例えば『ls（ディレクトリ表示）→ cat（内容表示）→ lpr（プリンターで印刷）』という具合である．このセッション（コマンドのまとまり）をパタン 1 として学習する．そこへ侵入（なりすまし）者が入ってきて『vi（テキスト編集）→ ps（プロセス表示）』という操作を繰り返すと，「動的モデル選択」は，これを新しいパタン 2 が加わったと判断して検出する．これは，最適な行動パタン数が 1 つから 2 つへとダイナミックに変化したことを検出したことに相当する．動的モデル選択によって，このように新しい行動パタンの出現を検出し，なりすまし者の手口を知ることができることを示している．

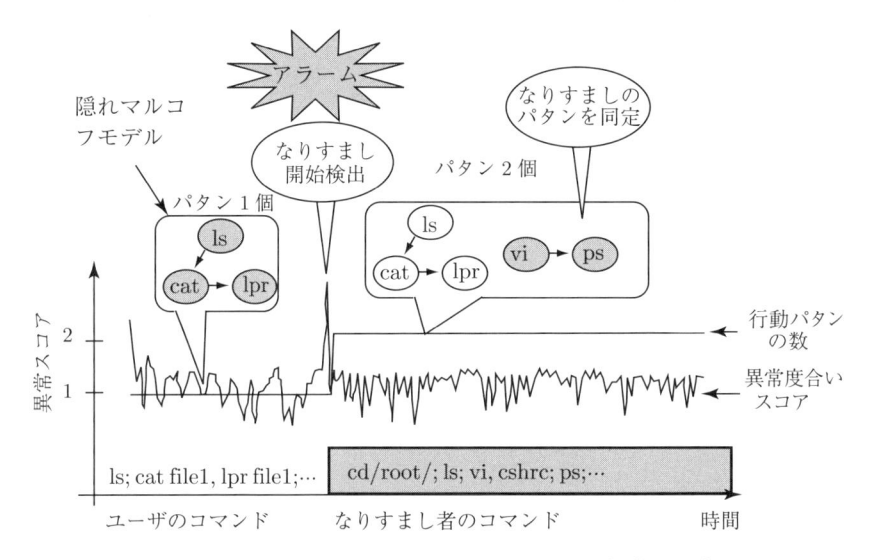

図 **5.13** 動的モデル選択によるなりすまし行為の同定

5.4.2 syslog からの障害検出への応用 1：問題設定と前処理

syslog とは BSD syslog プロトコル [39] によって集められたイベントの系列である．これは情報機械が自らの状態の記録を吐き出したものであるといってよい．図 5.14 は syslog の一例を表している．図 5.14 の各行を**イベント**と呼ぶことにする．"Event Severity" とあるのはメッセージの重大性を表す数値であり，"Att1" および "Att2" はメッセージを生成するプロセスに対するフィールドである．"Message" はイベントの詳細情報を記述する自由フォーマットのテキストである．

様々な情報システムを構築すると，このような syslog がシステム機器から大量に吐き出される．これらを監視し，その情報を手がかりに，システムの障害をいち早く検知したり，障害原因を究明することが重要になってきている．まさにこのような技術が，ネットワーク障害監視，自律コンピューティング，ディペンダブルコンピューティングなどといった分野のコアテクノロジーとして発展してきているのである．

本書では syslog 解析の問題として以下の 3 つの問題を取り上げる．

ID	Time stamp	Event Severity	Att1	Att2	Message
##	Nov 13 00:06:23:	ERR	bridge:	!brdgursrv:	queue is full. discarding a message.
##	Nov 13 10:15:00:	WARN:	INTR:	ether2atm:	Ethernet Slot 2L/1 Lock-Up!!
##	Nov 13 10:15:10:	WARN:	INTR:	ether2atm:	Ethernet Slot 2L/2 Lock-Up!!
##	Nov 13 10:15:20:	WARN:	INTR:	ether2atm:	Ethernet Slot 2L/3 Lock-Up!!

図 5.14 syslog

1. **障害予兆検出** 障害の予兆 (symptom) と思われる異常なイベントをできるだけ早期に検出する．
2. **新障害パタンの同定**
   未知のタイプの障害が現れたとき，syslog 上生じたパタンを同定してその特徴をつかむ．
3. **障害の相関分析**
   ネットワークを構成するコンピュータシステム上で障害が生じたとき，コンピュータ機器がどのように影響を与え合っているのか，その相関関係を抽出する．

いずれもネットワーク障害解析の基本問題である．ここで，特に着眼すべき点は，syslog の振る舞いは**ダイナミック (dynamic)** であるということである．つまり，syslog そのものが時系列データとしてのダイナミクスをもつのに加え，機器の状態は時間とともに変化するので，その振る舞いは本質的に非定常である．よって，まさに syslog の動的な振る舞いを適応的に学習し，刻々と変化する動きの中から異常な振る舞いを検知することが目的となる．そこで，以下，前節で展開した異常行動検出の方法をダイナミックな syslog 解析に適用した詳細結果について，文献 [67] に沿って紹介する．

実験には，4 つの syslog データセットを用いた．各々のデータセットは，2001年 11 月から 2002 年 1 月にかけて ATM (Asynchronous Transfer Mode) ネットワークにおけるサーバに対して収集されたものである．4 つのデータセットに含まれるイベント数の内訳は 17859, 14533, 15273, 26147 であった．

イベントのすべての重大性スコア (Event Severity) は 4 以下であった．ここで，重大性スコアは 0 から 7 までの値をとり，低いスコア値ほど重大性が高いことを意味する [39]．各データの構造は先の図 5.14 で示した通りである．

前処理として，メッセージに含まれるすべての数値情報は取り除き，文字情報のみによって各々のメッセージを識別した．(Event Severity, Att1, Att2, Message) で表現される情報は 1 つのシンボルに変換した．これによって，すべてのイベントは有限アルファベット上の 1 つのシンボルとして表現した．時刻情報 (Time Stamp) はセッション構成のために時間順序のみを利用した．

syslog 系列の分析を行うには，これをセッション列に分割する．ここで，各 10 秒 (hh:mm:s) ごとに区切って，10 秒内に生じたイベントは同一セッションになるようにセッションを構成した．例えば，10:12:40 に発生したイベントと 10:12:48 に発生したイベントは同一セッションの中にまとめられる．つまり，図 5.4 における (A) の方法でセッションを作った．このようなまとめ方の下で，4 つのデータセットに含まれるセッション数は，それぞれ 4334, 4111, 5040, 2215 であった．

異なるイベントシンボルの総数 (N_2) は，4 つのデータセットに対して，それぞれ，34, 22, 23, 36 であった．

5.4.3 syslog からの障害検出への応用 2：障害予兆検出

以上のデータに対して異常行動検出の理論を適用し，障害予兆の検出を試みた．ここで，障害として注目したのは，図 5.14 の中に示されているように，"Ethernet Slot 2L1/1 Lock-up" というメッセージをもつ障害である．これを "lock-up" と略称する．"lock-up" は syslog の中でも緊急度合いの高い障害メッセージの 1 つであり，今回の実験でもネットワークオペレータが最も関心の払った障害であった．この "lock-up" というイベントが含まれていた数は，4 つのデータセットそれぞれに対して 3, 1, 1, 5 であった．

ここで，"lock-up" につながる異常セッションを "lock-up" が実際に生じる前の予兆の段階で検知したいと考える．このような異常セッションを**障害予兆 (failure symptom)** と呼ぶことにする．障害予兆の概念には，障害の前触れ

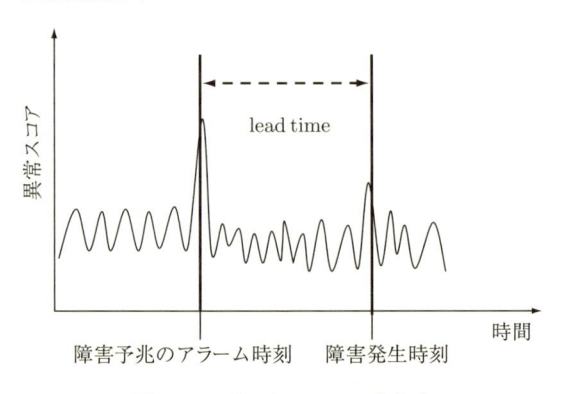

図 5.15　lead time の考え方

には必ずいつもと異なる異常な振る舞いが起こるということを前提にしている．しかしながら，異常セッションが起こったというアラームが本当に障害の予兆を示すものであるかどうかは実際のところはわからない．そこで，実際のネットワーク管理システムにおいては，異常セッションが本当に障害予兆であるにせよ，ないにせよ，オペレータはアラームが上がるごとに状態をチェックすることから，"lock-up" の発生の 1 週間以内に上がったアラートは障害予兆である，と形式的に定義して進めることにする．これは実際のネットワークオペレーションの観点からは適切であると考えられる．

そこで，以下ではアラーム数はできるだけ少なくしつつも，どれだけ早くアラームを発生することができるか？　によって手法の性能を測る．以下，"lock-up" time とは "lock-up" 障害が実際に生じた時間を意味するとし "lead time" とは lock-up time の 1 週間前以内に上がった最も早いアラームの生起時間を示すことにする（図 5.15 参照）．

また，前記の異常行動検出の理論を適用するにあたってパラメータの値は以下のように設定した．$N_1 = 3$, $r = 0.1$, $\nu = 0.5$, $n = 1$, $N_H = 20$, $\rho = 0.05$, $\lambda_H = 0.5$, $r_H = 0.001$．動的モデル選択としては逐次型動的モデル選択を用いた．

また，比較の対象としては静的な確率モデルの代表として**ナイーブベイズ (Naïve Bayes) モデル**を用いた（5.2 節参照）．以下，NB と略する．NB のパラメータとしては，AccessTracer による異常行動検出の枠組みで混合数は 1,

5.4 異常行動検出の応用例

表 5.1 障害予兆検出結果

サーバ	"lock-up" time	lead time	alarm/total	comp.time(sec)
AccessTracer				
A	11/13/01 10:15:00	11/11/01 10:14:50	188/17859	12.31
	11/20/01 03:10:07	11/20/01 02:44:00		
	01/15/02 15:01:42	01/10/02 12:35:30		
B	11/26/01 15:02:56	11/26/01 15:03:00	1473/14533	16.76
C	01/24/02 09:34:18	01/18/02 11:41:30	167/15273	15.92
D	11/16/01 21:01:37	11/14/01 17:47:50	202/26147	12.67
	11/21/01 18:31:29	-		
	12/10/01 20:21:15	-		
	01/28/02 21:56:23	01/28/02 12:32:10		
	01/30/02 18:53:37	01/29/02 18:22:20		
NB				
A	11/13/01 10:15:00	11/11/01 10:14:50	293/17859	2.29
	11/20/01 03:10:07	11/20/01 02:44:00		
	01/15/02 15:01:42	01/10/02 06:36:40		
B	11/26/01 15:02:56	11/26/01 15:03:00	1494/14533	2.60
C	01/24/02 09:34:18	01/24/02 09:32:30	1387/15273	2.12
D	11/16/01 21:01:37	11/14/01 17:47:50	1490/26147	2.61
	11/21/01 18:31:29	-		
	12/10/01 20:21:15	-		
	01/28/02 21:56:23	01/28/02 12:32:10		
	01/30/02 18:53:37	01/29/02 18:22:20		

$r = 1/j$ とした．すなわち，ここに動的モデル選択も忘却学習もはいっていない．本手法においても NB においても実験では，最初の 10 セッションを学習のみに利用し，スコアリングは行わなかった．

後処理としては，「一度アラームを上げたらその時刻から 60 分以内に上がったアラームはすべて無視する」とのルールを設定した．

表 5.1 は AccessTracer と NB の障害予兆検出の精度の比較結果を示している．

記号 "—" は何もアラームを上げなかったことを意味している．alarm/total は全アラーム数に対する，"lock-up" に結びついたアラーム数の比を表す．

ここで，1 つのセッションは幾つかのイベントから構成されるのに対して，アラームはセッションごとに出されることに注意する．よって，アラームが上がっ

たセッションについては，セッションに含まれるすべてのイベントをアラームイベントであると見なす．計算時間は Pentium IV 2GHz, 768MB の PC によって測定された結果を示している．

表 5.1 から lead time に関してはサーバ A,C のデータを除いて AccessTracer と NB はほぼ互角である．例えば，サーバ A のデータでは，両者とも 30 分から 2 日前に障害予兆を検出しており，オペレータにとって十分余裕のある早さでアラームを上げることに成功している．ところが，alarm/total 比は AccessTracer のほうが有意に小さくできている．例えば，AccessTracer の alarm/total 比はおよそ 1/100 程度であるが，NB のそれは 1/50 〜 1/10 程度である．AccessTracer の動的な異常行動検出手法が，NB の静的なそれよりも信頼性の高い判定を与えていることを示している．

5.4.4　syslog からの障害検出への応用 3：新障害パタンの同定

次に，"lock-up" 障害に関連して新しく生じた syslog のダイナミックパタンを同定する問題を考える．syslog のダイナミックなパタンを混合隠れマルコフモデルの 1 つの成分と考えることにすると，本問題は，障害の発生に伴い，混合隠れマルコフモデルの成分の新しい出現を動的モデル選択によって検出し，その成分を同定する問題に帰着することができる．

ここで，混合隠れマルコフモデルの成分は隠れ変数を含んでいるため，人間が理解しやすい形で syslog のダイナミックパタンを表現できているとはいい難い．そこで，次のように，混合隠れマルコフモデルの成分をマルコフ的表現に変換することを考える．すなわち，まず，各セッションデータに対してベイズ事後確率が最大になるクラスタ成分を判定し，そこにセッションデータを割り振る．こうして，すべてのセッションデータをクラスタリングしたものがひとたび得られると，それぞれのクラスタに対して，そこに割り振られたデータから 1 次マルコフモデルをあらためて学習し直して，その遷移確率の高いものを順に抽出するいう方法をとるものとする．

図 5.16 は混合成分数の時間的変化を示している．横軸はセッションの順番を示し，縦軸は動的モデル選択によって最適選択された混合隠れマルコフモデル

5.4 異常行動検出の応用例

```
Cluster1                                                      0.900
WARN:kern:!ATM:error(un→WARN:kern:!ATM:error(un
Cluster2                                                      0.091
WARN:gate:it_add:interf→WARN:gate:it_add:interf
Cluster3                                                      0.009
WARN:kern:!LEC:UNIT=0 commaE→WARN:kern:!LEC:Called Pa
```

Message Trans	Prob.
WARN:kern:!LEC:UNIT=0 comma→WARN:kern:!LEC:Called Pa	0.954
ERR:bridge:!brdgursrv:q→ERR:bridge:!brdgursrv:q	0.751
ERR:gated:krt_ifread:in→ERR::bridge:!brdgursrv:q	0.734
WARN:kern:!LEC: Multicast→WARN:kern:!LEC: Control D	0.691

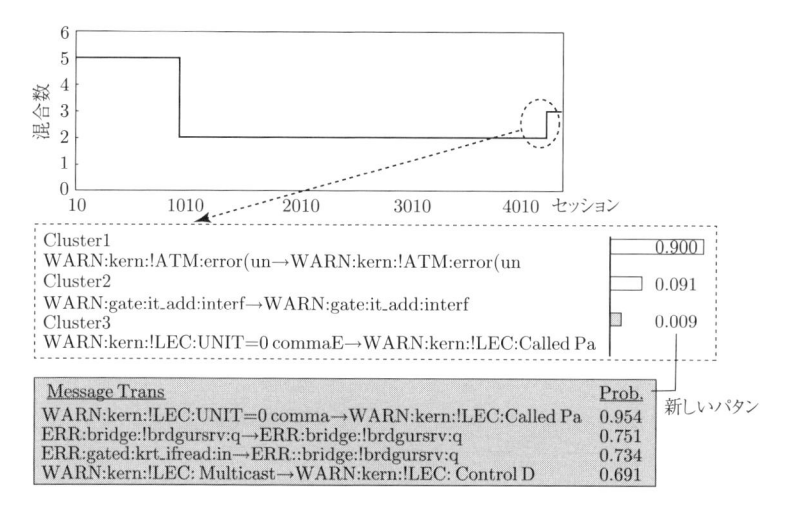

新しいパタン

図 **5.16** 発見された syslog の動的パタン

の混合数を示す．図 5.16 より，"lock-up"障害の直後である 4211 番目のセッション（時刻 Jan.15th 15:04:10）において，混合性分数が 2 から 3 に増加していることがわかる．

図 5.16 は混合隠れマルコフモデルの 3 つの成分のマルコフ表現を示したものである．各混合成分の比率は 0.90, 0.091, 0.009 であり，それぞれに対して最も高い遷移確率の遷移パタンが表示されている．

最小の比率をもつ混合成分は変化点において新しく出現した行動パタンを示している．図 5.16 はさらにその成分のマルコフ表現を表している．他の成分と比べて本成分は下記のパタンが特徴的であることがわかる．

"ERR:bridge:!bridgursrv: q → ERR:bridge:!!bridgursrv: q"
with transition probability 0.751.

"ERR:gated:krt_ifread:in → ERR:bridge:!!bridgursrv: q."
with transition probability 0.734.

"WARN:kern:!LEC:Multicast → WARN:kern:!LEC:Control D
with transition probability 0.691.

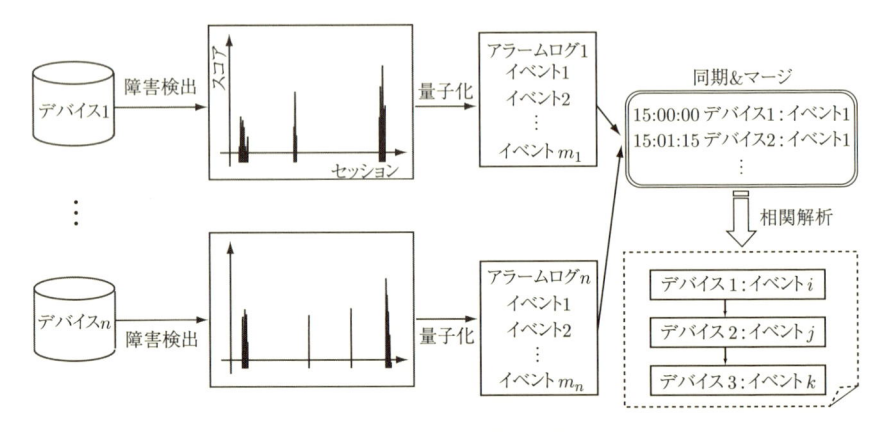

図 5.17 障害相関検出の流れ

最初のパタンは "queue is full" のメッセージの繰り返しであることを示し，2番目のパタンは "interface error propagates to queueing error" を意味している．3番目のパタンは "control direct VCC down follows multicast forward VCC down" を意味している．

これらのパタンは実際に個のサーバにおける "lock-up" 障害に伴う syslog の挙動を特性づけるものである．したがって，本手法によって重大な障害の発生時の syslog の挙動パタンを同定することに成功しているといえる．これはまた，"lock-up" 障害に関する知識発見をもたらしていると見なすことができる．

5.4.5 syslog からの障害検出への応用 4：障害の相関分析

幾つかのコンピュータ機器がネットワーク内で互いに接続しているとする．ここで syslog は各コンピュータ機器に対して観測されるとする．このとき，これらの機器が障害発生時にどのように関係し合っているのかを分析したい．

ただちに考えられる分析方法は，すべてコンピュータ機器のログを同期して統合した上で全体のログファイルを構成し，相関ルールやベイジアンネットワークなどの標準的手法によって相関関係をモデル化するというものである．しかし，この方法では，必ずしも障害には関係ないルールがたくさん生み出され，障害に関係する情報がそれらの中に埋もれてしまう，といった問題がある．ここ

では，本章で紹介してきた異常行動検出の手法を応用することによってこの問題を克服し，障害時のコンピュータ機器間の相関を発見するための方法について，文献 [67] を基に紹介する．

本手法の基本的な流れを図 5.17 に示す．アイデアのポイントは，syslog のダイナミクスを 2 段階にわたって学習処理を行うことである：一段階目は個々の syslog の量子化であり，2 段階目はこれを統合した上での相関パタン発見である．それらは具体的には以下のようにまとめることができる：

Step 1：syslog の量子化

各コンピュータ機器に対して syslog の異常スコアを計算する．次に，元の syslog に含まれているセッションを異常群とノーマル群に分類する．ここでは，これを**セッションの量子化 (session quantization)** と呼ぶことにする．例えば，異常群とはスコアがしきい値 $\rho = 0.05$ を超えたセッション集合であり，そうでないものはノーマル群とする．ここで，元のイベントメッセージは異常群のセッションのみに対して保持され，ノーマル群のセッションに対してはイベントメッセージは無視して一様に "others" という単一メッセージに変換する．

Step 2：相関パタン発見

量子化したセッションの同期をとってマージし，統合ログファイルを構成する．次に SDHM アルゴリズムと動的モデル選択を用いて混合隠れマルコフモデルを再度学習する．結果として得られる混合隠れマルコフモデルの各成分が異なるコンピュータ機器間の動的な相関性を表している．

上記の手法を 1 つのネットワーク内に存在する 21 台のコンピュータ機器から出力される syslog に対して適用した．マージしたセッション系列の中に含まれるイベントの総数は 181363 であった．

各コンピュータ機器に対して，セッションの作り方はこれまでと同様に 10 秒ごとに構成するとし，マージした syslog 系列に対しては，長さ 10 のウインドウをスライディングしながら構成するものとする（図 5.4 の (B) の方法）．マージ後のセッション系列におけるセッション数は 181354 であり，そこに含まれ

表 5.2 相関パタンの例

Message Trans.		Prob.
B-1:	WARN:kern:!LEC: Called Pa	4.03999e-01
	→ A-10: WARN:kern:!LEC: UNIT=0 commaE	
A-10:	WARN:kern:!LEC: Called Pa	2.75850e-01
	→ B-1: WARN:kern:!LEC: UNIT=0 commaE	
E-1:	CRIT:gated:KRT SEND DELET	2.69846e-01
	→ C-1: WARN:kern:!LEC: Control D	
C-4:	WARN:gated:OSPF RECV Area	2.69220e-01
	→ C-1: WARN:kern:!LEC: UNIT=0 commaE	

る異なるイベントの総数は132個であった．混合隠れマルコフモデルを学習する際のパラメータはこれまでと同じであり，動的モデル選択としては逐次型動的モデル選択の方式を用いた．

表5.2は発見された相関ルールの例を示している．例えば，最初の行は異常セッションが出現した際に以下の相関ルールがあることを示している．

Message "WARN:kern:!LEC: Called Pa"

for **server B1** appears, then

Message "WARN:kern:!LEC: UNIT=0 commaE"

follows for **server A10** with probability 4.03999e-01.

図5.18はコンピュータ機器間のマクロな相関マップを示している．同一のアルファベットで指定されたサーバはATMネットワークの同一ノードに位置することを示している．21台のサーバのうち他のサーバと一切相関のないサーバはすべてこの図から外している．結線の太さは遷移確率の大きさに比例する．すなわち，太い結線ほど高い相関があることを示している．各結線に付随する数値はサーバ間の遷移が実際に生起した数を示している．

図5.18よりC1とC9の間とC3とC4の間にそれぞれ強い相関があることがわかる．これらの事実は驚くべきことではない．なぜなら，いずれも同一ノード内に位置するサーバは通常相関もある程度高いと考えられるからである．と

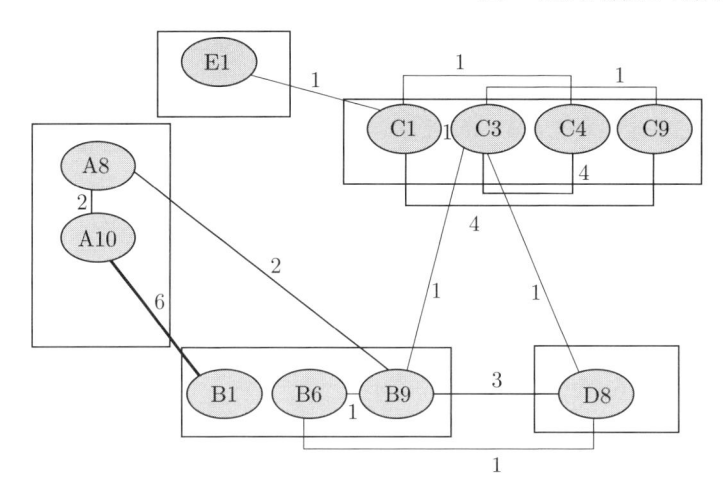

図 5.18　ネットワークの相関マップ

ころが，A10 と B1，B9 と D8 といった異なるノードのサーバ間にも強い相関が見られることは注目に値する．これは異常セッションが生起する際に，異なるノードが高い相関をもつといった，自明でない知識の発見をもたらしているからである．これは，例えば，障害がノード A からノード B へと高い確率で伝播する可能性を示唆している．このような相関パタンの発見は，実際のネットワークシステムの設計者やこれを管理しているオペレータに重要な知見を与えるものと考えられる．

5.5　異常行動検出の動向

　syslog を含め，機器のメッセージ情報をイベントログと呼ぶが，イベントログの分析技術としては様々なものがある．例えば，クラスタリングに基づく障害検出 [60]，マルコフモニタリングに基づく障害検出 [55]，モデルベース推論に基づく相関解析 [24]，エキスパートシステムのような AI 手法を用いる相関解析 [56]，ベイジアンネットワークを用いる障害伝播解析 [57]，符号理論に基づく障害解析 [74]，エピソードルール学習に基づく相関解析 [27], [41]，周期的なパタンや類似性のマイニングによるパタン発見と可視化 [9]，データ駆動型と

知識駆動型のハイブリッドタイプのネットワーク分析 [47]，ルールベースの相関分析法 [18], [61] などがある．ただし，本書で述べたような syslog の「ダイナミックな」性質を真正面から捉えた技術はまだまだ発展途上であるのが実情である．

第6章

集合型異常検知

6.1 Web 攻撃検知と集合型異常検知

　セキュリティの分野では，Web サーバなどを狙った攻撃が急増している．このような攻撃を **Web 攻撃 (Web attack)** と呼ぶ．例えば，**SQL インジェクション (SQL injection)** と呼ばれる Web 攻撃では，データベースに攻撃をしかけ，情報内容をまさぐっては，情報を盗み出すような悪質な行為を行うものもあるといわれる．そこで，以上のような Web 攻撃を早期に，かつ誤報を最小に抑えつつ検出することが望まれる．ただし，Web 攻撃は攻撃先に応じた攻撃をしかけるために，署名ベースの方式で対応することができないといった問題がある．

　一方，Web 攻撃は，ある種のトラフィックを急増させるといった，定量的な異常と，稀なアクセスパタンを示すといった定性的な異常とを伴って出現することが多い．そこで，定量的な異常の検出については，第 4 章で扱った連続値データに対する変化点検出を適用し，定性的な異常の検出については，第 5 章で扱った離散値データに対する異常行動検出を適用することが考えられる．さらに，これらを統合し，高い信頼性をもって Web 攻撃を検出することができると期待できる．

　本章では，定量的データと定性的データのそれぞれに対して異常スコアを計算し，これらを統合することで，性質の違ったデータの情報に基づいて全体的な異常検知の判断を行うための手法を示す．これを以下では **集合型異常検知 (aggregative anomaly detection)** と呼ぶことにする．広瀬，山形，山西，

岩井の文献 [81] に沿ってこれを紹介しよう.

6.2 集合型異常検知の基本原理

本節では, 集合型異常検知の原理を示す (図 6.1 参照). 以下, 問題を具体化して, Web サーバへのアクセスログを入力の対象とする. ログの列は時刻情報 t と離散変数と連続値変数から構成されるとする. 今, 離散変数は m 種類からなるとして, 時刻 t における i 番目の変数を $a_i(t)$ と記し, m 個の変数の値をベクトル表現したものを $a(t) = (a_1(t), \cdots, a_m(t))$ と記す. また, 各離散変数はそれぞれ異なる有限集合に値をとるものとする. $\mathcal{A}_i (i = 1, 2, \cdots, m)$ $(a_i(t) \in \mathcal{A}_i)$ は第 i 番目の変数の定義域とする. m 個の離散変数よりなるベクトルは $\mathcal{A} = \mathcal{A}_1 \times \cdots \times \mathcal{A}_m$ の元であり, $\mathcal{A}$ に含まれる元のすべてを $\alpha_1, \alpha_2, \cdots, \alpha_M$ ($\mathcal{A} = \{\alpha_1, \alpha_2, \cdots, \alpha_M\}$) のように記す. ここに, M は m 個の離散変数のすべての組合せ総数とする.

例えば, Web アクセスログのデータを扱う場合は, a_1 と a_2 の 2 変数があって, それぞれソース IP とアクセスしたアプリケーションの名前であるとする. このとき, $\mathcal{A}_1$ と $\mathcal{A}_2$ はそれぞれのとりうる集合の全体とする.

さらに**カウントベクトル (count vector)** を構成することを考える. カウントベクトルは長さ Δt のタイムスロットにいくつの α_i $(i = 1, \cdots, M)$ が出現したかで計測する. l 番目のタイムスロット $\{t | (l-1)\Delta t \leq t < l\Delta t\}$ の中で α_i が出現した数を $n_i(l)$ で表す. これをまとめたベクトルを

$$\boldsymbol{n}(l) = (n_1(l), \cdots, n_M(l)) \tag{6.1}$$

で表す. このように, カウントベクトルは実数値ベクトルとして表現される一種のトラフィック情報である.

そこで, カウントベクトルの要素を降順に並べ直したベクトルを以下のように構成する.

$$\hat{\boldsymbol{n}}(l) = (\hat{n}_1(l), \cdots, \hat{n}_M(l)). \tag{6.2}$$

$\hat{\boldsymbol{n}}(l)$ の要素の順番に対応して, $\alpha_1, \cdots, \alpha_M$ を並べ換えて得られるベクトルを以下のように表す.

6.2 集合型異常検知の基本原理　95

入力：Web アクセスログ
```
Access1 Time=0:00, SourceIP=xxx.xxx.xxx.xxx, AccessedFile= …
Access2 Time=0:01, SourceIP=xxx.xxx.xxx.xxx, AccessedFile= …
Access3 Time=0:02, SourceIP=xxx.xxx.xxx.xxx, AccessedFile= …
                                ⋮
```

2つのデータ列を構成　→　アクセスの定性的情報　　アクセスの定量的情報

学習による異常スコアリング　　異常アクセススコア $S_r(t)$　　異常トラフィックスコア $S_a(t)$

スコアの統合　→　統合スコア $S_w(t)$　攻撃検知

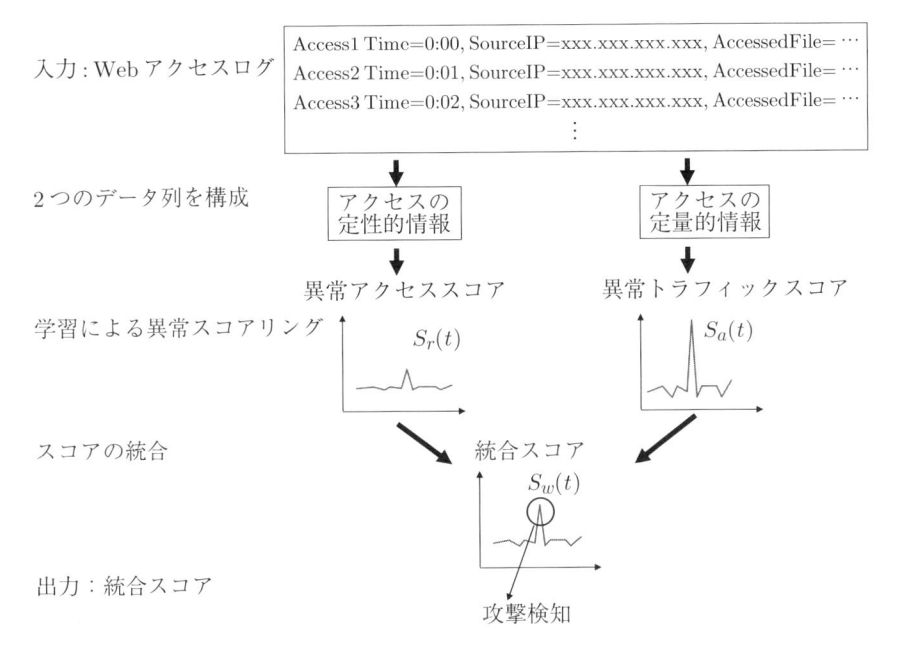

出力：統合スコア

図 **6.1**　集合型異常検知の流れ

$$\hat{\alpha}(l) = (\hat{\alpha}_1, \cdots, \hat{\alpha}_M). \tag{6.3}$$

つまり，$\hat{\alpha}(l)$ はアクセスの種類の情報を，$\hat{n}(l)$ はアクセスの頻度の情報を含んでいる．

我々が対象にする問題は，$\hat{\alpha}(l)$ の系列からの異常なアクセスの検出，$\hat{n}(l)$ の系列からのトラフィックの急変の検出，およびそれらの統合としての問題に帰着される．そのステップを以下に示す．

Step 1：カウントベクトルの構成

Web アクセスログからカウントベクトル $\{\hat{\alpha}(l)\}$ と $\{\hat{n}(l)\}$ を上記に従って構成する．

なお，$\hat{\alpha}(l)$ と $\hat{n}(l)$ の最初の $\bar{m}$ 個の元からなるベクトルを $\hat{\alpha}(l)$ および $\hat{n}(l)$ として再定義する ($\bar{m} \leq m$)．これは処理の効率化のためであり，ここでは $\bar{m} = 1$ とするが，一般の $\bar{m}$ にもただちに展開できる．

Step 2：異常アクセススコアリング

各タイムスロット l に対して，Step 1 の方法で得られた $\{\hat{a}(l)\}_l$ の時系列に対して異常行動スコアリングを（例えば，異常行動検出の章で取り上げたような AccessTracer を用いて）行う．これによって稀なアクセスが検出できる．ここで得られたスコアを**異常アクセススコア (anomalous access score)** と呼び，$S_r(l)$ とかく．

Step 3：異常トラフィックスコアリング

各タイムスロット l に対して，Step 1 によって得られるカウントベクトル $\{\hat{\bm{n}}(l)\}$ の時系列に対して変化点スコアリングを（例えば，変化点検出の章で取り上げたような ChangeFinder を用いて）行う．これによってトラフィックの急激な変化を検出できる．ここで得られたスコアを**異常トラフィックスコア (anomalous traffic score)** と呼び，$S_a(l)$ とかく．

Step 4：スコアの統合化

各タイムスロット l に対して，異常アクセススコア $S_r(l)$ と異常トラフィックスコア $S_a(l)$ を統合することにより，**統合スコア (aggregated score)** $S_w(l)$ を次式で計算する．$0 < q \leq 100$ を与えられた数として，

$$S_w(l) = \theta(S_a(l) - T_{aq}(l))\theta(S_r(l) - T_{rq}(l)). \tag{6.4}$$

ここに，$T_{rq}(l)$ と $T_{aq}(l)$ は異常アクセススコア S_r および異常トラフィックスコア S_a の，それぞれ $q\%$ 値であるしきい値を示している．$\theta(x)$ は以下で定められる関数である．

$$\theta(x) = \begin{cases} x & (x > 0), \\ 0 & (x \leq 0). \end{cases} \tag{6.5}$$

総合スコアが高いほど，Web アタックの可能性が高いと見なす．

本手法の主な特長は，離散値データ（定性的情報）からの異常アクセスと，実数値データ（定量的情報）からの異常トラフィックという2種の異常を同時に検出することにより，Web 攻撃をどちらか1つの場合に比べて高い信頼性で検

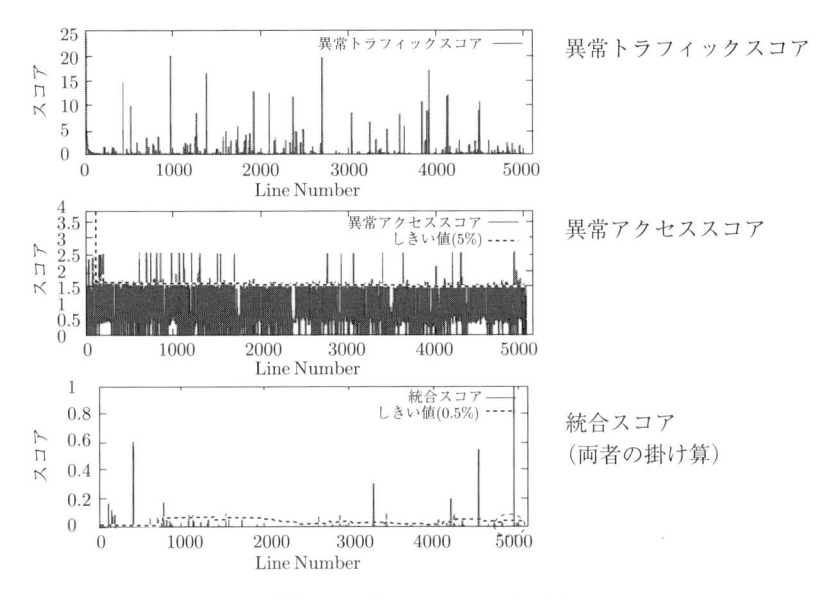

図 6.2 の上段: 異常トラフィックスコア
図 6.2 の中段: 異常アクセススコア / しきい値(5%)
図 6.2 の下段: 統合スコア / しきい値(0.5%) — 統合スコア（両者の掛け算）

図 6.2 統合スコアの計算法

出することができることである．図 6.2 に式 (6.4) の計算を直感的に示す．2 種類のスコアを掛け合わせることによって誤報率を下げていることがわかる．

ここで，$S_r(l)$ と $S_a(l)$ を乗じる代わりに，$\theta(S_r(l)-T_{rq}(l))$ と $\theta(S_a(l)-T_{aq}(l))$ の積をとったのは，どちらか片方がまったく異常でない場合はゼロとして抑えられるようにするためである．

6.3 集合型異常検知の応用例：Web 攻撃検知

上記手法を幾つかの Web 攻撃の検出に適用し，これが異常アクセスと異常トラフィックのどちらか一方しか使わないときに比べて，どの程度精度が向上できるかを調べた．

Web 攻撃の種類としては，**SQL インジェクション (SQL injection)**, **php アップロード (php upload)**, **asp アップロード (asp upload)** などが特にポピュラーであるが，ここでは SQL インジェクションのみを扱うものとする．

異常検出の性能の尺度としては，以下に示す**平均利得 (average benefit)**[59]

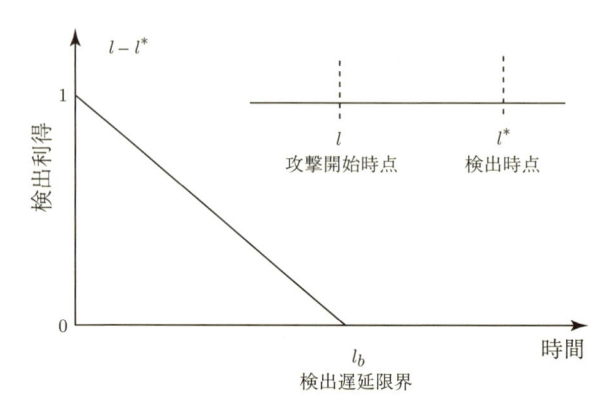

図 6.3 検出利得の考え方

を採用する．攻撃の開始時点を l^* として，l を l^* 以降に検出された最も早いアラームの時点であるとし，l_b を**検出遅延限界 (detection delay limit)** として，**検出利得 (benefit)** を次のように計算する．

$$検出利得 = 1 - \frac{l - l^*}{l_b} \ (0 \leq l - l^* < l_b). \tag{6.6}$$

すなわち，検出利得は 0 から 1 までの値をとり，l^* から遅れなく検出できたときには 1 を，l_b までに検出できなければ 0 の値をとり，その間に検出された場合の検出利得は，l^* から遅れた時間に線形に小さくなるように設計されている．複数攻撃がある場合は，**平均利得**を 1 回の攻撃あたりの平均検出利得として定義する．

このとき，横軸をアラーム比（アラームの全体に対する比率），縦軸を平均利得として曲線を描き，以下の 2 つの評価指標を計算する．

1. $\mathcal{R}$: $0 <$ アラーム比 < 0.005 の下の部分の正規化された面積（図 6.4 参照）$(0 \leq \mathcal{R} \leq 1)$.
2. γ: 平均利得 $= 1$ となるための最も少ないアラート比．

その他のパラメータについては以下のように設定する．

$m = 2$（離散変数の数），

$\Delta t = 5$ 分（タイムスロットの長さ），

6.3 集合型異常検知の応用例：Web 攻撃検知

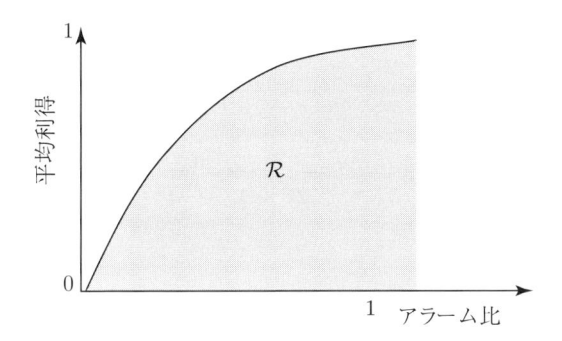

図 6.4 検出の評価指標

$q = 5\%$（S_a および S_r のしきい値は，それぞれの上位 5% 点のスコアとする），

$l_b = 30$ 分（攻撃開始後 30 分以内に検出しなければ利得ゼロとする）．

3 日間の Web アクセスログから SQL インジェクションの検知を行った結果を示す．データはすべてで 865 個のタイムスロットがあり，その中に 2 個の SQL インジェクションが含まれており，それぞれ，268 番目と 532 番目のタイムスロットから開始していた．最初の攻撃は失敗しており，2 番目の攻撃は成功していた．これらの 2 つの攻撃の開始点の間の長さは 22 時間であった．よって，最初の攻撃は，22 時間後に SQL インジェクションの成功によって起こる情報流出の予兆であったと見なすことができる．いいかえれば，22 時間前に予兆も的確に検出できていた．

3 種類のスコア（異常アクセススコア，異常トラフィックスコア，統合スコア）と 2 つの評価指数（$\mathcal{R}$ と γ）を用いた SQL インジェクションの検知の結果を表 6.3 に示す．

本結果から，集合的異常検知の手法は他の 1 つずつ用いた手法よりも，SQL インジェクション攻撃検知に関して平均利得の点で 17% 以上高く，γ の点では，32% 以上アラーム比率を下げていることがわかる．また，集合型異常検知では，1 日あたり 1.5 アラームという低いアラーム比の下で，2 つの攻撃の検出に成功している．

上記の実験結果から，異常アクセスや異常トラフィック分析のどちらか一方

表 6.1 SQL インジェクションの検知結果

	$\mathcal{R}$	γ
異常アクセス検知	0.10	1.8×10^{-2} (5.2 alarms/day)
異常トラフィック検知	0.75	3.4×10^{-3} (0.97 alarms/day)
集合型異常検知	0.88	2.3×10^{-3} (0.66 alarms/day)

を行うよりも，これを統合した集合型異常検知を行うことにより，安定して信頼性の高い異常検知が実現できることがわかる．

6.4 Web 攻撃検知の動向

Web 攻撃検知はセキュリティ分野での最もホットな話題の1つである．これに対応して，データマイニングに基づく Web 攻撃検知の研究も幾つか出てきている．

Julisch and Dacier は参考文献 [25] において，クラスタリングとルール学習の方法を組み合わせて Web 攻撃検知の IDS を作る方法を示している．

また，Kruegel and Vigna は参考文献 [32] において，稀なアクセス行為を検出することで Web 攻撃検知を行う方法を示している．

Yatagai, Isohara and Sasase は参考文献 [73] において，ブラウジング時間とアクセスした Web ページのサイズの相関パタンが通常よりも離れた異常トラフィックを検出することで，Web 攻撃を検知する方法を示している．

いずれも定量的データないしは定性的データのいずれか一方の性質を用いているのに対して，本章で示した手法は，それらを両方利用した攻撃検知を示しているところに注目されたい．

第7章

潜在的異常検知

7.1 潜在的異常とは？

　第5章，第6章において異常行動検出とは，いつものパタンとは異なるセッションを検出することであった．しかしながら，異常行動を観測データの面からのみ捉えるのは一面的である．なぜなら，観測データには顕在化されていないが潜在的に異常が起こっているかもしれないからである．このような**潜在的な異常 (latent anomaly)** を検出しようという試みが，本章の狙いである．

　ここで，潜在的な異常とは何であろうか？　それは，観測データ空間では必ずしも認識できないが，**潜在空間 (latent space)** において認識できる異常である．ここで，観測データ空間とはデータそのものから構成される空間であるのに対し，潜在空間とは必ずしも観測できない**メタな意味情報 (meta semantic information)** から構成される空間である．

　例えば，UNIXのコマンドデータ列からの異常行動検出を考えよう．観測データ空間はUNIXコマンドそのもの（例えば，lprやftpなど）から構成されるのに対し，潜在空間はコマンド列の背後にあるメタ情報から構成される意味空間である．メタ情報としては，例えば，コマンドの背景にある行動パタンを示す情報がある（例えば，'writing text', 'writing a code' など）．もう1つに，コマンドを生成するための内部状態（コマンドを打つ前に今どのような状態にあるか）の情報がある．これらはいずれも**潜在変数 (latent variable)** もしくは**隠れ変数 (hidden variable)** と呼ばれる変数によって指定される情報である（図7.1参照）．

第7章 潜在的異常検知

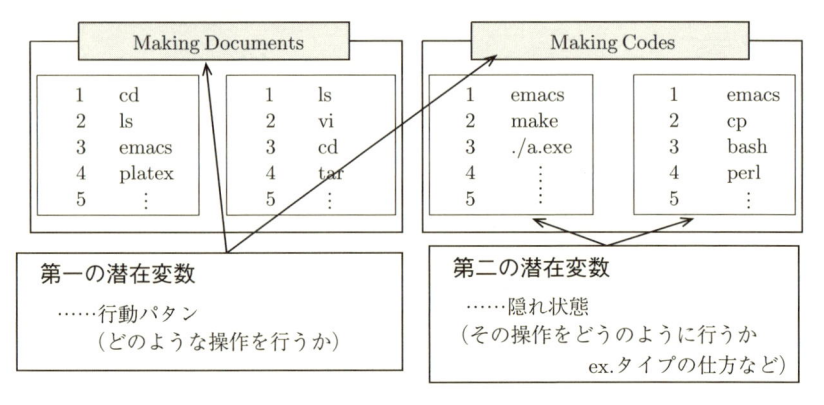

```
┌─ Making Documents ──────────┐     ┌─ Making Codes ──────────────┐
│ ┌─────────┐   ┌─────────┐   │     │ ┌─────────┐   ┌─────────┐   │
│ │ 1  cd   │   │ 1  ls   │   │     │ │ 1 emacs │   │ 1 emacs │   │
│ │ 2  ls   │   │ 2  vi   │   │     │ │ 2 make  │   │ 2 cp    │   │
│ │ 3 emacs │   │ 3  cd   │   │     │ │ 3./a.exe│   │ 3 bash  │   │
│ │ 4 platex│   │ 4  tar  │   │     │ │ 4  ⋮    │   │ 4 perl  │   │
│ │ 5  ⋮    │   │ 5  ⋮    │   │     │ │ 5  ⋮    │   │ 5  ⋮    │   │
│ └─────────┘   └─────────┘   │     │ └─────────┘   └─────────┘   │
└─────────────────────────────┘     └─────────────────────────────┘

┌─ 第一の潜在変数 ─────────────┐    ┌─ 第二の潜在変数 ─────────────────┐
│  ……行動パタン                │    │  ……隠れ状態                      │
│  （どのような操作を行うか）   │    │  （その操作をどうのように行うか  │
│                              │    │                ex.タイプの仕方など）│
└──────────────────────────────┘    └──────────────────────────────────┘
```

図 7.1 潜在変数

こうした潜在空間において，行動パタンの構造が急激に変わる（例えば，'writing text'，'writing code' といった行動パタンの周期的な繰り返しが終わって，新しい行動パタンが出現するなど），あるいは内部状態が大きく変化する，といったことが潜在的異常に相当する（図 7.2 参照）．

それでは，何のために潜在的異常の検出を問題とするのであろうか？ 主な理由は以下の 2 つである．

1. **異常検知の精度を高めることができる**
   例えば，再び，UNIX コマンド列からのなりすまし検出を例にとると，なりすまし者は必ずしも見かけ上のコマンドの発生頻度を激変させてるわけではない．むしろ，コマンドの背後にある意図を変化させているのである．そもそもこのような異常行動は潜在世界に注目しないと検出できない性質のものである．よって，観測データ空間上のみならず潜在世界の上での異常検知を行うことで，なりすましの見逃し確率を減らし，検出精度を高めることが期待できる．

2. **異常に新たな解釈を与える**
   データ自体がこれまで学習したモデルから逸脱している，という意味の異常に加え，データを生成する潜在的な機構が変化した，という新しい意味の異常を扱うことにより，異常の解釈を広げることができる．

```
┌─ Making Documents ──────────┐    ┌─ Making Codes ──────────────┐
│  1  cd        1  ls         │    │  1  emacs     1  emacs      │
│  2  ls        2  vi         │    │  2  make      2  cp         │
│  3  emacs     3  cd         │    │  3  ./a.exe   3  bash       │
│  4  platex    4  tar        │    │  4   ⋮        4  perl       │
│  5   ⋮        5   ⋮         │    │  5   ⋮        5   ⋮         │
└─────────────────────────────┘    └─────────────────────────────┘
```

第一の潜在的異常検知: 行動パタンの急激な変化

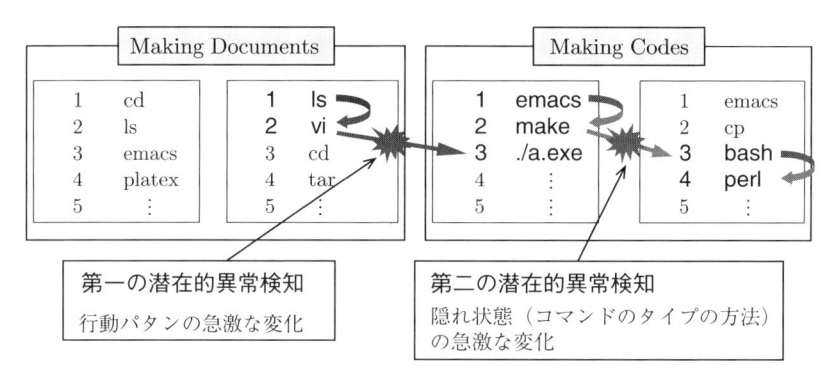

第二の潜在的異常検知: 隠れ状態（コマンドのタイプの方法）の急激な変化

図 7.2 潜在的異常

本章では，潜在的異常の検出を行うための，1つのフレームワークを紹介する．その中で，潜在変数を伴う確率モデルを用いたデータのモデリングと，潜在的異常を検出するための基本アルゴリズムを示す．

また，潜在的異常の検出によって，観測データの異常検知だけを行った場合に比べて優位に性能を引き上げることができることの事例を紹介する．

7.2　潜在的異常検知の基本原理

潜在的異常検知の方法としては幾つか考えられる．実は，5.3.4項で紹介した動的モデル選択も潜在的異常の検出方式の1つである．本章では，Hirose and Yamanishi による文献 [21] の方式を紹介する．

その方式のポイントは以下のようにまとめることができる．

1. **潜在変数モデルの学習とモデル変動の分解**
   行動モデルを潜在変数を伴う確率モデルを用いて表し，これを学習する．学習とともに時間的にモデルが変動する量を，潜在変数または観測データの変動に起因するように分解する．

2. **モデル変動ベクトルの変化点検出**
   上記で分解されたモデル変動をまとめて多次元のモデル変動ベクトルを構成し，それに対して変化点検出を行う．これにより，**潜在変数に起因する**

異常(潜在的異常),もしくは観測データに起因する異常(顕在的異常)のいずれかに起因する異常を検出する.

今,$\mathcal{Y}$ を離散シンボルの有限集合とし,t は離散時間を表すものとする.各時間 t において,異常行動検出の章と同様に,$\mathcal{Y}$ に属するシンボル系列としてのセッションを観測するとする.これを $\boldsymbol{y}_t = (y_{t,1}, \cdots, y_{t,T_t}) \in \mathcal{Y}^{T_t}$ と表す.T_t はセッション長である.例えば,UNIX コマンドの場合では ($command1 =$ ls, $command2 =$ cat, $command3 =$ netscape, $command4 =$ netscape, $\cdots$)のように与えられる.セッションの例としては,$session1 = \boldsymbol{y}_1 = $ (ls, cat),$session2 = \boldsymbol{y}_2 = $ (netscape, netscape),$\cdots$ などと与えられる.

このようなセッション列の生成モデルとしては,**2 階層の潜在変数**を伴う確率モデルを用いる.それは,おおまかにいって,「複数個の行動パタンの生成モデルが含まれていて,各パタンにおいて内部状態が存在する」といったモデルである.ここで,どの行動パタンをとっているのかを示すのが第 1 潜在変数であり,その行動パタンの中でどのような内部状態をとっているかを示すのが第 2 潜在変数である.第 1 潜在変数と第 2 潜在変数は階層構造をなす.

このような構造をもつ確率モデルとして,第 5 章の異常行動検出で扱った**混合隠れマルコフモデル (hidden Markov model mixture)** を典型例として再び取り上げる.

つまり,K を正の整数とし,時刻 t におけるセッション $\boldsymbol{y}$ の生起確率 $P_t(\boldsymbol{y})$ は以下で与えられるものとする.

$$P_t(\boldsymbol{y}) = \sum_{i=1}^{K} \pi_{i,t} P_{i,t}(\boldsymbol{y}). \tag{7.1}$$

ここに,各 $i \in \{1, \cdots, K\}$ に対して,$\pi_{i,t}$ は $\sum_i \pi_{i,t} = 1$ かつ $\pi_{i,t} > 0$ であるような混合係数を表す.また,$P_{i,t}(\boldsymbol{y})$ は混合分布の第 i 番目の成分を表し,それぞれが**隠れマルコフモデル (Hidden Markov Model; HMM)** で表されるものとする.各成分のことを**クラスタ (cluster)** とも呼ぶ.この場合,混合成分を指定する i が第 1 潜在変数である.第 1 潜在変数の変化は 5.3.4 項で取り上げた「動的モデル選択」の方法によって検出することができる.方法論の詳細は 8.6 節を参照されたい.

また，$\mathcal{X}$ を離散シンボルの有限集合であるとし，$\mathcal{X}$ の要素を**状態 (state)** と呼ぶ．各 i と t について，$a_{i,t}(x|x')$ $(x, x' \in \mathcal{X})$ を状態遷移行列とし，$b_{i,t}(y|x)$ $(x \in \mathcal{X}, y \in \mathcal{Y})$ を状態 x が y を観測値として生起させる確率を表す．$\gamma_{i,t}(x)$ を $\mathcal{X}$ 上の初期確率分布であるとする．このとき，第 i 番目のクラスタは以下のように表される．

$$P_{i,t}(\boldsymbol{y}) = \sum_{x_1,\cdots,x_{T_t}} \gamma_{i,t}(x_1) \prod_{j=1}^{T_t-1} a_{i,t}(x_{j+1}|x_j) \prod_{j=1}^{T_t} b_{i,t}(y_j|x_j). \quad (7.2)$$

ここで，各クラスタにおける状態変数 x が第 2 潜在変数である．

この場合，潜在空間（潜在変数の空間）はクラスタの空間と状態空間の直積として $\{i=1,\cdots,K\} \times \mathcal{X}$ で与えられる．この潜在空間上で生じた異常を**潜在的異常 (latent anomaly)** と呼ぶことにする．この潜在的異常をいかに計測するかが本章の目的である．

なお，第 1 潜在変数と第 2 潜在変数を含む階層的な確率モデルは次のように一般形に拡張できる．第 1 潜在変数は，いわゆるグローバルな潜在変数であり，第 2 潜在変数は，グローバルな変数の下で規定される，いわゆるローカルな潜在変数である．これらの 2 つの潜在変数を階層的にもつ確率モデルは，Y, Z_1, Z_2 をそれぞれ観測変数，グローバルな潜在変数，ローカルな潜在変数とすることで，以下のように表される．

$$P(Y) = \sum_{Z_1, Z_2} P(Z_1) P(Z_2|Z_1) P(Y|Z_1, Z_2). \quad (7.3)$$

Y, Z_1 および Z_2 は，混合隠れマルコフモデルにおいては，それぞれ，$\boldsymbol{y}$（T_t 個の成分からなるセッション），クラスタインデックス i，状態 x に相当する．

また，$\mathcal{Y}, \mathcal{Z}_1$ および $\mathcal{Z}_2$ をそれぞれ，Y, Z_1 および Z_2 の定義域とすると，一般に，$\mathcal{Y}$ は離散でも連続でもよく，$\mathcal{Z}_1$ は有限でなければならず，$\mathcal{Z}_2$ は連続値でも離散値でもよい．

潜在的異常検知の基本ステップを以下に示す．図 7.3 に全体の流れを示す．

Step 1：階層型潜在変数モデルの学習

本項では，本モデルは，混合数 K はあらかじめ固定で与えられてい

第 7 章 潜在的異常検知

```
入力：シンボル列
ex. UNIXコマンド列
     ↓
  確率的モデリング         ◁ Step 1
     ↓                     階層型潜在変数モデル
   モデル変動                （混合HMM）の学習
  ┌──┴──┐
┌─┴──┐ ┌─┴──┐
│潜在変数│…│潜在変数│      ◁ Step 2
│空間1に │ │空間Kに │        モデル変動ベクトルの
│おける  │ │おける  │        構成
│変動    │ │変動    │
└─┬──┘ └─┬──┘
  └──┬──┘
     ↓
 モデル変動ベクトル
     ↓
   変化点検出              ◁ Step 3
     ↓                      モデル変動ベクトルの
    出力                    変化点検出
  異常スコア曲線
```

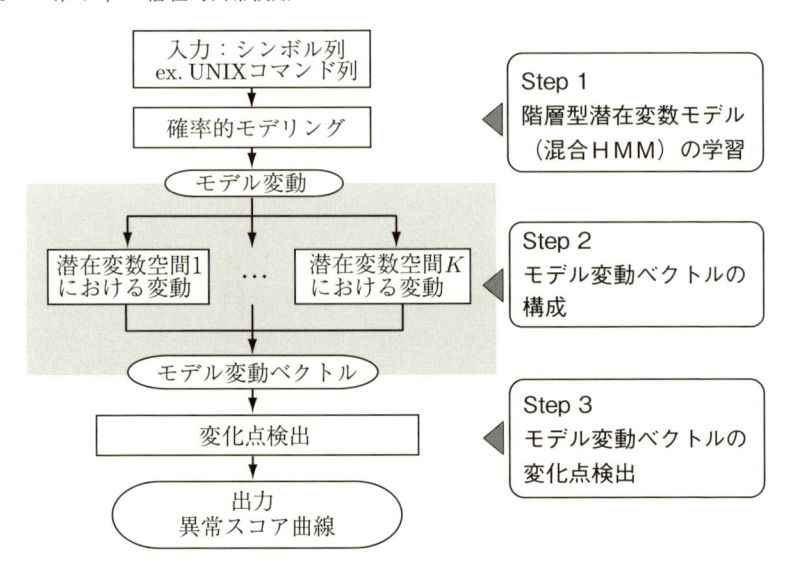

図 **7.3** 潜在的異常検知の流れ

るとして (すなわち, 動的モデル選択は行わないとする), $i = 1, \cdots, K$ について, パラメータ $(\pi_{i,t}, \gamma_{i,t}(\cdot), a_{i,t}(\cdot|\cdot), b_{i,t}(\cdot|\cdot))$ は 5.3.3 項と同様に, オンライン忘却型学習アルゴリズムによって学習する.

Step 2：モデル変動の分解

続いて, 以下の 2 つの種類の**モデル変動ベクトル (model variation vector)**, (α_t) と $(\beta_t)(i = 1, \cdots, K)$ をそれぞれ式 (7.4) および (7.5) に従って計算する.

$$(\alpha_t)_i \stackrel{\text{def}}{=} \sum_x \Big\{ \pi_{i,t-1} r_{i,t-1}(x) D(a_{i,t-1}(\cdot|x) \| a_{i,t}(\cdot|x)) \\ + \pi_{i,t} r_{i,t}(x) D(a_{i,t}(\cdot|x) \| a_{i,t-1}(\cdot|x)) \Big\}, \quad (7.4)$$

$$(\beta_t)_i \stackrel{\text{def}}{=} \sum_x \Big\{ \pi_{i,t-1} r_{i,t-1}(x) D(b_{i,t-1}(\cdot|x) \| b_{i,t}(\cdot|x)) \\ + \pi_{i,t} r_{i,t}(x) D(b_{i,t}(\cdot|x) \| b_{i,t-1}(\cdot|x)) \Big\}. \quad (7.5)$$

ここに, $(\alpha_t)_i$ および $(\beta_t)_i$ は, それぞれ α_t と β_t の i 番目の成分である.

また，$D(P(\cdot)||Q(\cdot))$ は式 (7.6) で定められる，2 つの確率分布 P と Q の間の **Kullback-Leibler ダイバージェンス (Kullback Leibler divergence; KL-divergence)** と呼ばれる距離である．$r_{i,t}(x)$ は行列 $a_{i,t}$ の固有値 1 に対応する固有ベクトルである（式 (7.7)）．

$$D(P||Q) \stackrel{\text{def}}{=} \sum_x P(x)\log\left(\frac{P(x)}{Q(x)}\right), \tag{7.6}$$

$$\sum_{x'} a_{i,t}(x|x')r_{i,t}(x') = r_{i,t}(x). \tag{7.7}$$

ここで，log の底は自然対数をとるものとする．

α_t の各成分は行列 $a_{i,t}(x'|x)$ の変動と見なすことができる．したがって，α_t の値は，状態の遷移が全体としてどれくらい大きく変動したかという量を示している．一方，β_t の各成分は行列 $b_{i,t}(y|x)$ の変動として見なすことができる．したがって，β_t の値は観測データと状態の間の関係がどれくらい大きく変動したかという量を示している．よって，α_t と β_t はいずれも潜在空間に生じた異常がどれだけ確率モデルの変動に影響を与えたかという量を示している．すなわち，この量の急激な変動を検知することにより，先に示したところの第 2 の潜在変数に関する異常を検出することができる．

さらに，ベクトル s_t を 2 つのモデル変動ベクトル α_t と β_t の和として定義する．

$$s_t \stackrel{\text{def}}{=} \alpha_t + \beta_t. \tag{7.8}$$

ここで，s_t の各コンポーネントは各クラスタ上の確率分布の変動として捉えることができる．なぜなら，s_t の i 番目の成分は i 番目の行動パタンがどれくらい大きく変化したかを示しているからである．よって，s_t の 1-ノルムは，全分布の変動として考えることができる．したがって，s_t の急激な変化を検知することにより，先に示したところの第 1 の潜在変数に関する異常を検出することができる．

Step 3：モデル変動ベクトルの変化点検出

ひとたび，各ステップにおいてモデル変動ベクトル α_t, β_t および

ベクトル $\boldsymbol{s}_t$ が得られると，次に，時系列 $\{\boldsymbol{s}_t\}_t, \{\alpha_t\}_t$ および $\{\beta_t\}_t$ に対して，その急激な変動を検出するために**変化点検出**を行う．

ここで，変化点検出方法としては，具体的には第 5 章で与えた ChangeFinder の手法を利用するものとする．ただし，この変化点検出の手法は，各時点において変化点スコアを与えるような方式すべてに対して適用できる．

そこで，以下の 5 種類のスコアを定義する．

$$S_\alpha(\boldsymbol{y}_t) = (\alpha_t \text{ の変化点スコア}), \tag{7.9}$$

$$S_\beta(\boldsymbol{y}_t) = (\beta_t \text{ の変化点スコア}), \tag{7.10}$$

$$S_s(\boldsymbol{y}_t) = (\boldsymbol{s}_t \text{ の変化点スコア}), \tag{7.11}$$

$$S_\alpha(\boldsymbol{y}_t) + S_\beta(\boldsymbol{y}_t) = (\alpha_t \text{ の変化点スコアと } \beta_t \text{ の変化点スコアの和}), \tag{7.12}$$

$$\boldsymbol{e}^\dagger \boldsymbol{s}_t \times S_s(\boldsymbol{y}_t) = (\boldsymbol{s}_t \text{ の 1-ノルム}) \times (\boldsymbol{s}_t \text{ の変化点スコア}). \tag{7.13}$$

スコア S_α は状態遷移の割合がどれくらい大きく変動したかを測定している．スコア S_β は各シンボルの生起割合がどれくらい大きく変動したかを測定している．スコア S_s は状態遷移の割合とシンボル生起割合が合わせて，どれくらい大きく変動したかを測定している．よって，S_s だけでなく S_α と S_β に分解して見ることで異常がどこに起因するかを分析することができる．

また，スコア $S_\alpha + S_\beta$ はスコア S_s とは異なることに注意せよ．

7.3 モデル変動ベクトルの解釈

本節ではモデル変動ベクトル $\boldsymbol{s}_t, \alpha_t, \beta_t$ の理論的意味づけを行う．顕在的異常であろうと潜在的異常であろうと，いずれも観測値 $\boldsymbol{y}$ の異常性を推定することが基本である．そのために，KL ダイバージェンスで測定した，確率分布の

モデルの時間的変動 $D^{(T)}(P_{t-1}||P_t)$ を異常性の尺度として扱う。この量は，$\boldsymbol{y}_t$ によって学習した後で，時刻 t における長さ T のセッションの確率分布 P_t と一時刻前の確率分布 P_{t-1} の間の KL ダイバージェンスを表している．(T は文脈に応じて自明な場合は，その表記を省略する．) よって，この値が大きいと，$\boldsymbol{y}_t$ はモデルの変動に大きく寄与しているという意味で異常性が高いといえる．

潜在的異常を検出するには，この基本量 $D^{(T)}(P_{t-1}||P_t)$ をベースに幾つかに分解し，それらがそれぞれ潜在空間上の変動からどのように起因していたかがわかるようにする．以下では，状態 $\boldsymbol{x}$ と観測値 $\boldsymbol{y}$ の組をまとめて $\boldsymbol{z}$ ($(\boldsymbol{x},\boldsymbol{y})=\boldsymbol{z}$) とかく．$\boldsymbol{x}$ と $\boldsymbol{y}$ がそれぞれ T 個の要素からなることを明示したい場合は，$\boldsymbol{z}^T$ として表す．

そこで以下の仮定をおく．

仮定 1：各時刻 t において，セッション長 T_t は t によらず十分に長い ($T_t = T \to \infty$)．さらに状態 x のマルコフ遷移は定常状態 r をもつとする ($\lim_{T \to \infty} A^T \gamma = r$)．ここに，$A = (a(x_i|x_j))$ は状態遷移行列，γ は初期状態ベクトルである．

仮定 2：1 タイムステップでのモデルの変化が小さく，かつほとんどの $\boldsymbol{z}$ はいずれかの単一のクラスタに属し，各時刻 t について次式が成立する．

$$\lim_{T \to \infty} \frac{1}{T} \sum_{i=1}^{K} \sum_{\boldsymbol{z}^T} \pi_{i,t-1} P_{i,t-1}(\boldsymbol{z}^T) \log \frac{P_{t-1}(i|\boldsymbol{z}^T)}{P_t(i|\boldsymbol{z}^T)} = 0. \quad (7.14)$$

ここに，

$$P_t(i|\boldsymbol{z}^T) \stackrel{\text{def}}{=} \frac{\pi_{i,t} P_{i,t}(\boldsymbol{z}^T)}{\sum_k \pi_{k,t} P_{k,t}(\boldsymbol{z}^T)}. \quad (7.15)$$

以上は，理論的都合上与えられた仮定であるが，実際に自然な仮定でもある．**対称化変動量 (symmetrized model variation)** を

$$D^{(T)}(P_{t-1}||P_t) + D^{(T)}(P_t||P_{t-1})$$

で定義すると，上記仮定の下で，次の性質が成り立つ．

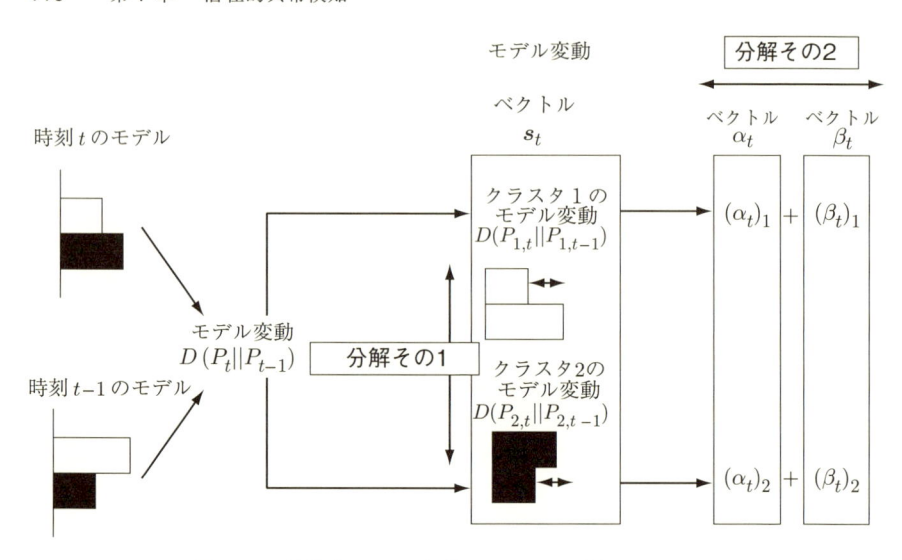

図 **7.4** 対称化モデル変動ベクトルの分解：$K = 2$

定理1： 仮定 1 と 2 の下で，対称化モデル変動は次のように分解できる．

$$\lim_{T \to \infty} \frac{1}{T} \{ D^{(T)}(P_{t-1}||P_t) + D^{(T)}(P_t||P_{t-1}) \} = \sum_{i=1}^{K} \Big((\alpha_t)_i + (\beta_t)_i \Big). \tag{7.16}$$

ここで，α_t，β_t の定義は式 (7.4),(7.5) に従う．

本定理は，対称化変動量は幾つかの部分的な量の和に分解でき，それぞれの量が潜在空間の変動によって引き起こされた変動量に一致する，といった著しい性質があることを示している．

本定理によって，モデル変動量は2つのステップで分解できることがわかる．図 7.4 では，$K = 2$ の場合を例として，この2ステップ分解の流れをまとめている．第1のステップでは，行動パタンのなす潜在空間の中での行動パタンの分布の変動を表している．第2のステップでは，状態のなす潜在空間の中で α と β の2つのパートに分解して，その変動を表している．

7.4 潜在的異常検知の応用例

7.4.1 実験の設定

以下では，上述の手法を人工データと「なりすまし検出向け」UNIX コマンドデータへ適用する．いずれも全シンボル数は 15000 である．1 つのシンボルは UNIX コマンドのように，1 つの行動を表すとする．ここでデータセットを 10 シンボルから構成される（長さが 10 の）1500 個の排反なブロックに分け，それぞれをセッションとした（図 5.4 の (A) の方法）．インデックス t を用いてセッションの順番を表し，t 番目のセッションを $\boldsymbol{y}_t$ と記す（$t = 1, \cdots, 1500$）．データには各々のセッションに異常であるかどうかのラベルが付与されているものとする．ただし，この情報は評価の際にのみ用いるものとする．

セッションの生成モデルとしては，式 (7.1),(7.2) で与えられるような混合隠れマルコフモデルを用いるものとし，混合数は，人工データに対しては 2，UNIX コマンドデータに対しては 5 であるとする．各隠れマルコフモデルの状態の数は 3 に固定するとする．

各時刻について，1 つのセッションが入力され，5.3.3 項で紹介した SDHM アルゴリズムを用いて学習する．この学習結果に基づいて，各セッションのスコアを (7.9)〜(7.13) および既存の手法に従って計算する．既存の手法としては，混合隠れマルコフモデルを用いながらも潜在空間を利用しない方法（第 5 章で紹介した方法），およびナイーブベイズ法（NB，5.2 節参照）を考える．これらの方法に対応するスコアリングの値を S_{HMM} および S_{NB} とする．ただし，スコアリングには対数損失を用いるものとする．すなわち，時刻 $t-1$ の時点までに学習された分布をそれぞれ $P_{HMM}(\cdot|\theta^{(t-1)})$，$P_{NB}(\cdot|\theta^{(t-1)})$ とすると，スコア値は次式で与えられる．

$$S_{HMM}(\boldsymbol{y}_t) = -\frac{1}{T_t} \log P_{HMM}(\boldsymbol{y}_t|\theta^{(t-1)}), \tag{7.17}$$

$$S_{NB}(\boldsymbol{y}_t) = -\frac{1}{T_t} \log P_{NB}(\boldsymbol{y}_t|\theta^{(t-1)}). \tag{7.18}$$

式 (7.17) および (7.18) はセッションの学習されたモデルに対する対数損失を表している（θ はモデルのパラメータを表す）．ここで，5.3.2 節で見たように，ナイーブベイズ法は混合隠れマルコフモデルにおいて $K=1$ かつ $\mathcal{X}$ が単一の

状態のみの場合に帰着されることを思い起こそう.

提案手法によるスコアの上位にくるデータは潜在的異常を含む異常であり,既存手法によるスコアの上位にくるデータは顕在的異常のみであると見なすことができる. そこで, 上記すべての方法に対して, 誤報率を一定にした場合に, 異常がどの程度早く検出できるかを評価した.

異常検知の早さの評価規準としては, 異常セッションがバースト的に発生すると仮定して, 異常セッションの最初の Δ セッションのうち, 何パーセントが検出できたか? を測るものとする. つまり, すべての異常セッションを漏れなく検出することを目指すのではなく, 検出したい異常の開始点からできるだけ遅れずにそれを検出することを目指すのである. 本実験では $\Delta = 5, 10, 50$ について調べた.

一定の誤報率の下で, 小さな値の Δ に対してこの値が大きければ, その手法の異常検知の早さは早いということができる. そこで, この精度を評価するために, 横軸を誤報率, 縦軸をバーストな異常セッションのうち最初の Δ セッション中何パーセントが検出されたかを表すものとしてグラフを描く. そして, 比較する手法のそれぞれに対して, 対応するグラフの下側にある部分の面積を **AUC(Area Under its Corresponding Curve)** と呼び, $\mathcal{R}$ と記す. ここで, $\mathcal{R}$ は最大値が 1 になるように規格化されているものとする. $\mathcal{R}$ の値が大きいほど, その手法の検出精度が高いと見なすことができる.

7.4.2 人工データへの適用

本データセットは 2 つのパタンから構成される. データは全部で長さ 15000 のシンボルからなる. 各シンボルは 10 個の元からなる有限集合 $\{a, b, c, d, e, l, m, n, o, p\}$ の中の元であるとする. そこで, 以下の 5 個のシンボルからなる 10 種の組合せ (tuple) を定義する. $v_{11} = (a, b, c, d, e)$, $v_{12} = (d, e, a, b, c)$, $v_{13} = (b, a, d, c, e)$, $v_{14} = (c, b, a, e, d)$, $v_{15} = (d, c, b, e, a)$, $v_{21} = (l, m, n, o, p)$, $v_{22} = (o, p, l, m, n)$, $v_{23} = (m, l, o, n, p)$, $v_{24} = (n, m, l, p, o)$, $v_{25} = (o, n, m, p, l)$.

これらの tuple からなる系列として, 人工データを構成する. 2 つの tuple の結合をブロックとして構成し, このブロックをセッションとする. 1 つのセッ

7.4 潜在的異常検知の応用例

$$
\begin{array}{c}
\{a,b,c,d,e,l,m,n,o,p\} \\
\swarrow \qquad \searrow \\
\{a,b,c,d,e\} \qquad \{l,m,n,o,p\}
\end{array}
$$

$v_{11} = (a,b,c,d,e)$ $v_{21} = (l,m,n,o,p)$
$v_{12} = (d,e,a,b,c)$ $v_{22} = (o,p,l,m,n)$
$v_{13} = (b,a,d,c,e)$ $v_{23} = (m,l,o,n,p)$
$v_{14} = (c,b,a,e,d)$ $v_{24} = (n,m,l,p,o)$
$v_{15} = (d,c,b,e,a)$ $v_{25} = (o,n,m,p,l)$

Session $= (v_{12}, v_{15})$ Session $= (v_{24}, v_{21})$
$= (d,e,a,b,c,d,c,b,e,a)$ $= (m,n,l,p,o,l,m,n,o,p)$

セッションパタン1   セッションパタン2

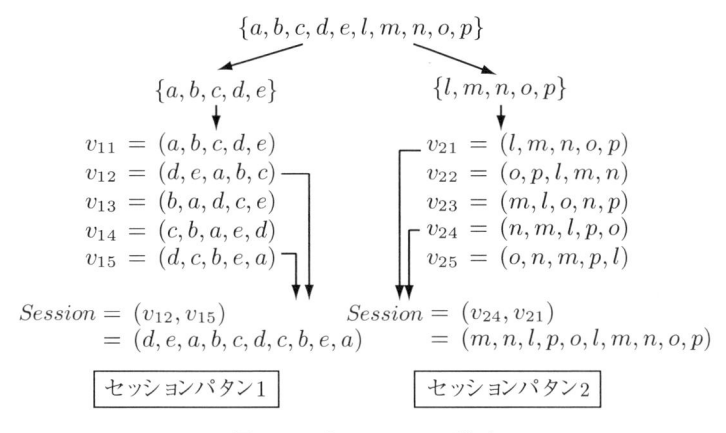

図 7.5 人工データの構造

ションは 10 個のシンボルからなる．よって合計 1500 セッションからなる．

1 番目のセッションから 1000 番目のセッションまでは，$(4n+1)$ 番目と $(4n+3)$ 番目のセッション $(n=0,\cdots,249)$ については v_{1i} $(i=1,\cdots,5)$ の内からランダムに抽出された 2 つの tuple から構成されるとする．また，$(4n+2)$ 番目と $(4n+4)$ 番目のセッション $(n=0,\cdots,249)$ については v_{2i} $(i=1,\cdots,5)$ からランダム抽出された 2 つの tuple から構成されるとする．

次に 1001 番目から 1052 番目のセッションまでは，$(4n+1)$ 番目と $(4n+2)$ 番目と $(4n+3)$ 番目のセッション $(n=250,\cdots,262)$ については $v_{1i}(i=1,\cdots,5)$ のうちからランダムに抽出された 2 つの tuple から構成されるとし，$(4n+4)$ 番目のセッション $(n=250,\cdots,262)$ については $v_{2i}(i=1,\cdots,5)$ のうちからランダムに抽出された 2 つの tuple から構成されるものとする．また，残りのセッションについては最初の 1000 個のセッションと同じ構造で与えられるものとする．

本データでは，v_{ji} $(i=1,\cdots,5)$ のインデックス j がパタンを表している．なぜなら，シンボル集合 $\{a,b,c,d,e\}$ と $\{l,m,n,o,p\}$ の間に遷移がないからである．したがって，データは $v_{1\cdot}$ からなるパタン 1 と，$v_{2\cdot}$ からなるパタン 2 から構成される系列であると考えることができる．1001 番目のセッションから 1052 番目のセッションまでは各パタンの生起確率が変化している．この変化が

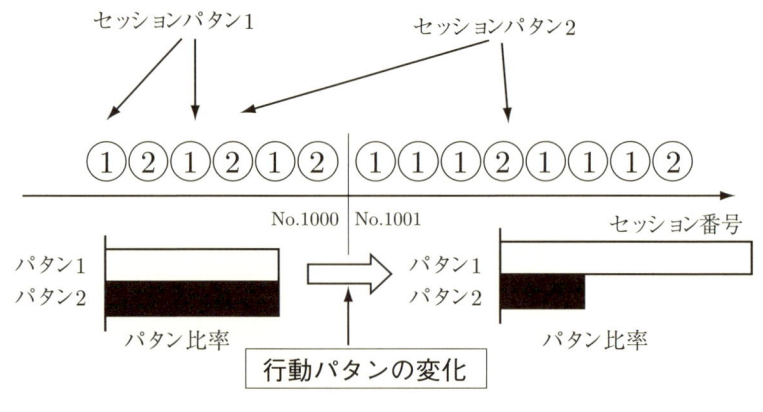

図 7.6 潜在的異常データ

行動パタンの変化に相当している．よって，1001～1052 番目のセッションが異常セッションであり，この変わり目をできるだけ早期に検出することが目的となる．つまり，本実験では，セッションがどのパタンから生起しているかが潜在情報であり，これが急に変化することが潜在的異常に相当する．

採用するスコアの定義は式 (7.9)～(7.13), (7.17) および (7.18) に従う．この処理を（乱数発生に伴い）50 回繰り返し，ACU の値である $\mathcal{R}$ の平均を算出して各手法を比較した．この結果を表 7.1 に示す．

表 7.1 から，本節で紹介した手法は，顕在的異常を検出するだけの手法である NB や HMM よりも検出精度が高いことがわかる．

ただし，Δ の値が大きいときには，その優位性は逆転する．それは次の理由による．つまり，潜在的異常検知の手法では，モデル変動ベクトルの変化点を検出するが，変化点は異常セッション系列の開始点であって，異常セッション系列がしばらく続くと，その変化点スコア値は減少してしまい，すべての異常を捉えられなくなってしまうからである．

7.4.3 なりすまし検出への適用

次に，なりすまし検出への適用について紹介する．用いるデータは，5.4.1 項で扱ったのと同様に Schonlau ら [53] によって用意されたものである．つまり，ユーザ 1 人あたりのデータが 10 コマンドからなる 1500 個のブロックに分かれ

表 7.1　パタン変化検出の結果

	スコア	Δ		
		5	10	50
従来手法	S_{HMM}	0.102	0.085	0.079
	S_{NB}	0.407	0.385	0.401
潜在的異常検知手法	S_α	0.758	0.727	0.586
	S_β	0.943	0.871	0.668
	S_s	0.944	0.881	0.673
	$S_\alpha + S_\beta$	0.931	0.854	0.620
	$e^\dagger s \times S_s$	0.932	0.867	0.671

ており，その 10 コマンドの 1 つの単位をセッションとしている．そのようなデータが 50 人分存在する．各ユーザのデータにはなりすまし者の行為が含まれているとする．詳しくは 5.4.1 項を参照されたい．

50 人のターゲットユーザのうち，18 人のデータを評価の対象にした．というのは，これらのデータは，なりすまし系列の長さが 500 コマンド以上であるデータのすべてであるからである．本実験は，局所的な例外値を検出することよりも，行動パタンや構造の変化がバースト的に生じることを検出することが目的であるから，このような 18 人のデータに限定することにした．

前実験と同様に，用いるスコアは式 (7.9)～(7.13), (7.17) および (7.18) に従う．

7 種類のスコアのそれぞれに対して，ACU の値 $\mathcal{R}$ $(0 \leq \mathcal{R} \leq 1)$ の値の 18 人のユーザに関する平均値を表 7.2 に示す．

表 7.2 より，Δ が小さいときには，潜在的異常を含めて検出する方式が，顕在的異常のみを検出する従来手法 (NB, HMM) を凌駕していることがわかる．実際，$\Delta = 5$ の場合は，5 種のスコアを用いた潜在的異常検出に対する $\mathcal{R}$ の平均値は HMM のそれよりも 8% 大きく，また，NB のそれよりも 25% 以上大きい．

一方，$\Delta = 50$（500 コマンド）では，HMM は潜在的異常検知の方法を凌駕する．これは前項でも見たように，潜在的異常検知の方法がバースト的に発生する異常の開始点を検出することが目的となっており，異常の開始点から離れ

表 7.2 なりすまし検出の結果

	スコア	Δ 5	10	50
従来手法	S_{HMM}	0.747	0.745	0.735
	S_{NB}	0.638	0.622	0.621
潜在的異常検知手法	S_α	0.735	0.751	0.670
	S_β	0.804	0.775	0.651
	S_s	0.805	0.776	0.651
	$S_\alpha + S_\beta$	0.819	0.810	0.680
	$e^\dagger s \times S_s$	0.842	0.818	0.720

た例外的セッションを1つ1つ検出するように設計されていないからである.一方,顕在的異常を検出する方法としての HMM や NB は,これまで学習されたモデルから離れた例外的事象を検出するように設計されている.よって,大きい Δ の値に対しては上のような逆転現象が起こるのである.ただし,顕在的異常検知の手法でも,異常セッションがバースト的に続けば,これの学習が進んで,異常セッションに対する異常スコアの値が徐々に小さくなっていく.したがって,Δ の値が大きくなると,いずれの手法も精度は低くなっていくことがわかる.

表 7.2 から S_s および S_β はおよそ同じ結果を与えており,$S_\alpha + S_\beta$ は S_s よりも良い結果を与えていることがわかる.これは次の理由による.つまり,β_t は α_t よりも絶対値としては s_t への寄与が大きいのだが,α_t 自体の情報,つまり,潜在状態の情報も重要な変動を表しており,それが s_t の中では目立たなくなっている.そこで,$S_\alpha + S_\beta$ の中で α_t のスコアと β_t のスコアを均等におくことによって,α_t の効果を顕在化させることができるようになるので,精度がより高めることができたものと考えることができる.

また,$S_s \times e^\dagger s_t$ は S_s よりも良い結果を与えていることがわかる.

本データについては,前項のようにして,何が潜在的異常であるのかを同定することは難しいが,潜在的異常の可能性があるとしたら次の2点が考えられる.1つは,なりすましの発生によって,行動パタンの生起比率が突如として変化したということである.もう1つは,UNIX コマンドの出現順序の変化な

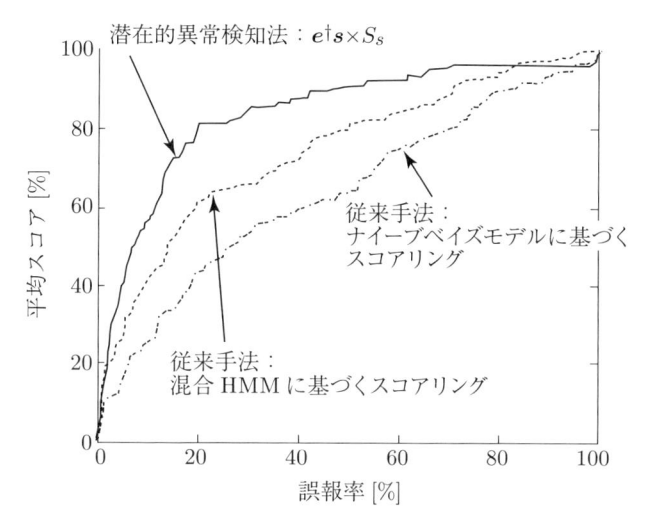

図中ラベル:
- 潜在的異常検知法:$e^\dagger s \times S_s$
- 従来手法:ナイーブベイズモデルに基づくスコアリング
- 従来手法:混合HMMに基づくスコアリング

縦軸:平均スコア[%]　横軸:誤報率[%]

図 7.7 なりすまし検出の精度比較

どに対応して,潜在状態の遷移構造が急激に変化したということである.このような潜在的な異常は直接観測できるものではないが,本節で述べた潜在的異常検知の手法によって初めて浮き上がらせることができる.

第8章

数学的手段：情報論的学習理論とその周辺

　本章では，これまで紹介した異常検知機能の数学的基礎にあたる部分を補う目的で構成されている．

　8.1節，8.2節，8.3節では，それぞれ，「EMアルゴリズムとオンライン忘却型学習アルゴリズム」，「ヘリンジャー距離の近似的計算方法」，「Burge and Shawe-Taylorのアルゴリズム」といった項目について第3章の内容を補う形で記述する．特にEMアルゴリズムについては，一般性が高い内容なので，本書のアルゴリズムの原理を深く知る上でも是非目を通してもらいたい．

　8.4節，8.5節，8.6節では，それぞれ，「モデル選択とMDL規準」，「拡張型確率的コンプレキシティ」，「動的モデル選択」といった本書ならではの数学的概念について，第3章と第5章の内容を補足する形で説明する．ここで登場する数学的概念は，「符号化」という情報理論の考え方の下で，「いかに効率的な学習を実現するか？」を考えるところに根ざしている．それは，まさに，近年発展している**情報論的学習理論**の考え方に立脚している．本章では，その骨格の一部を，背景理論がよくわかるように，できるだけ一般的な形で紹介する．

　8.7節は第7章の数学的定理の証明を与える．

8.1　EMアルゴリズムとオンライン忘却型学習アルゴリズム

　以下，潜在変数を伴うモデルに対して，EMアルゴリズムとオンライン忘却型学習アルゴリズムを一般的な形式で与える．

　今，Xを観測される確率変数，Zを潜在変数として，x, zをその実現値と

8.1 EM アルゴリズムとオンライン忘却型学習アルゴリズム

する．k 次元パラメータベクトル $\theta = (\theta_1, \cdots, \theta_k)$ で指定される確率密度関数 $p(X, Z|\theta)$ を学習したいとする．ここで，X の周辺分布の確率密度関数は

$$\int p(X, Z|\theta) dZ = p(X|\theta)$$

で与えられ，観測データ X はこれに従って観測されるが，潜在変数 Z は観測されないとする．

X が与えられたときの Z の事後確率密度を

$$p(Z|X, \theta) = p(X, Z|\theta) / p(X|\theta)$$

として定義する．ここで，Z は連続値をとると仮定しているが，離散値でもよいとし，その場合，積分は和で置き換えられる．

ここで，データの発生に関しては独立性を仮定する．よって

$$p(X^n, Z^n|\theta) = \prod_{t=1}^{n} p(X_t, Z_t|\theta),$$
$$p(Z^n|X^n, \theta) = \prod_{t=1}^{n} p(Z_t|X_t, \theta)$$

が成り立つとする．

今，長さ n の観測データ系列 x^n が与えられているとする．まず，θ, θ' をともにパラメータ値として，Q 関数を以下で定める．

$$\begin{aligned} Q(\theta|\theta') &= \int p(z^n|x^n, \theta') \log p(x^n, z^n|\theta) dz^n \\ &= \sum_{t=1}^{n} \int p(z|x_t, \theta') \log p(x_t, z|\theta) dz \end{aligned}$$

EM(Expectation and Maximization) アルゴリズム (EM algorithm) は，$Q(\theta|\theta')$ の計算 (expectation) とその θ に関する最大化 (maximization) を反復するプロセスとして与えられる（図 8.1 参照）．

ここで，EM アルゴリズムの基本的な性質について触れておこう．

定理 2 [13]：反復数 j が増大するにつれ，観測変数に関する周辺分布の対数尤度：

初期化: 初期値 $\theta^{(0)}$ を与える.

反復: 以下の E-Step と M-Step を互いに収束するまで反復する.

E-Step: $Q(\theta|\theta')$ を計算する.
M-Step: $\theta^{(j+1)} = \arg\max_\theta Q(\theta|\theta^{(j)})$
$j \leftarrow j+1$

図 **8.1** EM アルゴリズム

$$L(\theta^{(j)}|x^n) = \sum_{t=1}^{n} \log \int p(x_t, z|\theta^{(j)}) dz$$

は単調に増大し,やがて極大値に収束する.すなわち

$$L(\theta^{(j+1)}|x^n) \geq L(\theta^{(j)}|x^n) \tag{8.1}$$

が成り立つ.

証明 ベイズの定理から一般に

$$p(z^n|x^n : \theta) = \frac{p(x^n, z^n|\theta)}{p(x^n|\theta)}$$

が成り立つ.両辺の対数をとって,z^n について $p(z^n|x^n : \theta^{(j)})$ に関して期待値をとると,その期待値操作を $E_{Z,\theta^{(j)}}[\cdot]$ で記すとして,次式が成り立つ.

$$\log p(x^n|\theta) = E_{Z,\theta^{(j)}}[\log p(x^n, z^n|\theta)] - E_{Z,\theta^{(j)}}[\log p(z^n|x^n : \theta)]. \tag{8.2}$$

式 (8.2) の右辺の第 1 項は $Q(\theta|\theta^{(j)})$ に一致する.これは,EM アルゴリズムの定義により $\theta = \theta^{(j+1)}$ で最大値をとる.

また,式 (8.2) の右辺の第 2 項は以下のように展開できる.

$$-E_{Z,\theta^{(j)}}[\log p(z^n|x^n : \theta)] = D(\theta^{(j)}||\theta) + H(\theta^{(j)}). \tag{8.3}$$

ここに,

$$D(\theta^{(j)}||\theta) \stackrel{\text{def}}{=} E_{Z,\theta^{(j)}}\left[\log \frac{p(z^n|x^n : \theta^{(j)})}{p(z^n|x^n : \theta)}\right],$$

$$H(\theta^{(j)}) \stackrel{\text{def}}{=} E_{Z,\theta^{(j)}}[-\log p(z^n|x^n:\theta^{(j)})].$$

今, $\log 1/x \geq 1 - x\ (x > 0)$ なる不等式を用いると, $D(\theta^{(j)}||\theta)$ に関しては以下が成り立つ.

$$\begin{aligned}D(\theta^{(j)}||\theta) &= E_{Z,\theta^{(j)}}\left[\log \frac{p(z^n|x^n:\theta^{(j)})}{p(z^n|x^n:\theta)}\right] \\ &\geq E_{Z,\theta^{(j)}}\left[1 - \frac{p(z^n|x^n:\theta)}{p(z^n|x^n:\theta^{(j)})}\right] \\ &= 0\end{aligned}$$

最後の不等式は $\theta = \theta^{(j)}$ のときのみ成り立つ. よって, 式 (8.3) の値は常に 0 以上である.

以上をあわせると,

$$\begin{aligned}\log p(x^n|\theta^{(j+1)}) &= Q(\theta^{(j+1)}|\theta^{(j)}) + D(\theta^{(j)}||\theta^{(j+1)}) + H(\theta^{(j)}) \\ &\geq Q(\theta^{(j)}|\theta^{(j)}) + D(\theta^{(j)}||\theta^{(j)}) + H(\theta^{(j)}) \\ &= \log p(x^n|\theta^{(j)})\end{aligned}$$

により,

$$\log p(x^n|\theta^{(j+1)}) \geq \log p(x^n|\theta^{(j)})$$

が成り立つ. □

例えば, ガウス混合モデルのパラメータ推定に EM アルゴリズムを適用する場合を考えよう. ここにガウス混合分布は x を d 次元ベクトルとして,

$$p(x|\theta) = \sum_{i=1}^{k} \pi_i p(x|\mu_i, \Sigma_i)$$

の形で確率密度関数が表されるモデルである. ここに, $\sum_{i=1}^{k} \pi_i = 1$, $\pi_i > 0$, $\mu_i \in \mathbf{R}^d$, $\Sigma_i \in \mathbf{R}^{d\times d}\ (i = 1, \cdots, k)$ であり ($\mathbf{R}^d$ は d 次元の実数値空間を表す), $p(x|\mu_i, \Sigma_i)$ は平均が μ_i, 分散共分散行列が Σ_i であるガウス分布を表す. すべてのパラメータを束ねて, $\theta = (\pi_i, \mu_i, \Sigma_i)_{i=1,\cdots,k}$ と表す.

ここで隠れ変数 z を,観測データ x が実際にどの混合成分から生じたか？を表すインデックスであるとして

$$p(z=i,x|\theta) = \pi_i p(x|\mu_i, \Sigma_i)$$

のように記す.

観測値 $x^n = x_1 \cdots x_n$ が与えられたとして,上で論じた Q 関数は以下のように計算できる.

$$\begin{aligned} Q(\theta|\theta^{(j)}) &= \sum_{z^n} p(z^n|x^n : \theta^{(j)}) \log \prod_{t=1}^n p(x_t, z_t|\theta) \\ &= \sum_{t=1}^n \sum_{i=1}^k \gamma_i^{(j)}(t) \log \pi_i p(x_t|\mu_i, \Sigma_i). \end{aligned}$$

ここに,$\gamma_i^{(j)}(t)$ は以下に定める.

$$\gamma_i^{(j)}(t) \stackrel{\text{def}}{=} p(z_t = i|x_t, \theta^{(j)}) = \frac{\pi_i^{(j)} p(x_t|\mu_i, \Sigma_i)}{\sum_i \pi_i^{(j)} p(x_t|\mu_i, \Sigma_i)}.$$

$\theta^{(j+1)} = \arg\max_\theta Q(\theta|\theta^{(j)})$ の成分は $\sum_i \pi_i^{(j+1)} = 1$ の制約の下,変分法を用いることで次式を得る.

$$\begin{aligned} \pi_i^{(j+1)} &= \frac{1}{n} \sum_{t=1}^n \gamma_i^{(j)}(t), \\ \mu_i^{(j+1)} &= \frac{\sum_{t=1}^n \gamma_i^{(j)}(t) x_t}{\sum_{t=1}^n \gamma_i^{(j)}(t)}, \\ \Sigma_i^{(j+1)} &= \frac{\sum_{t=1}^n \gamma_i^{(j)}(t) x_t x_t^T}{\sum_{t=1}^n \gamma_i^{(j)}(t)} - \mu_i^{(j+1)} \mu_i^{(j+1)T}. \end{aligned}$$

よって,ガウス混合分布に対する EM アルゴリズムは図 8.2 のようにかき下すことができる.

EM アルゴリズムのポイントは条件付き期待対数尤度である Q 関数の計算がそのままでは解析的に不可能であるのに対して,隠れ変数を導入することによってたちまち容易になるといった構造にある.そのような構造をもつモデルとしては,他に隠れマルコフモデル,状態空間モデル,因子分析モデル,といったモデルがある.

初期化：$\theta^{(0)}$ を与える．

反復：以下を j に関して収束するまで反復する．
E-Step.
$\sum_{t=1}^{n} \gamma_i^{(j)}(t)$, $\sum_{t=1}^{n} \gamma_i^{(j)}(t)x_t$, $\sum_{t=1}^{n} \gamma_i^{(j)}(t)x_t x_t^T$ を計算する．
M-Step.
前頁の更新則に従って，$\alpha_i^{(j+1)}$, $\mu_i^{(j+1)}$, $\Sigma_i^{(j+1)}$ を更新する $(i=1,\cdots,k)$．$j \leftarrow j+1$．

図 **8.2** ガウス混合モデルに対する EM アルゴリズム

一方，潜在変数を伴う一般の確率モデルに対する**オンライン忘却型アルゴリズム (on-line discounting learning algorithm)** は，上の EM アルゴリズムにおいて E-Step と M-Step の計算を，データが入力されるごとにインクリメンタルに行い，かつそれらの反復を 1 回のみ行うものである．ただし，E-Step で計算する Q 関数の更新時に，過去の統計量に関して忘却を行うようにする．

すなわち，図 8.3 に示すステップにより，各時点 t で θ の推定値 $\theta^{(t)}$ を計算する．

図 8.3 から容易にわかるように，$\theta^{(t)}$ は時点 j の重みつき統計量である

$$\int p(z|x_j, \theta^{(j-1)}) \log p(x_j, z|\theta) dz$$

を j に関して $r(1-r)^{t-j}$ の重みを与えて平均し，それによって，過去のものほど指数的に重みを小さくするような対数尤度関数：

$$\sum_{j=0}^{t} r(1-r)^{t-j} \int p(z|x_j, \theta^{(j-1)}) \log p(x_j, z|\theta) dz$$

の極大値として求められる．

これは，一般的な，各変数を伴うモデルに関するオンライン忘却型のパラメータ推定アルゴリズムであるが，本書の第 2 章～第 4 章で紹介した SDEM アルゴリズム，SDLE アルゴリズム，SDPU アルゴリズム，SDAR アルゴリズム，SDHM アルゴリズムなどはすべて，このバリエーションとして位置づけることができる．

初期化：$t := 1, \theta^{(0)}, 0 < r < 1$（忘却パラメータ）が与えられているとせよ．
$$Q^{(1)}(\cdot|\cdot^{(0)}) = \int p(z|x_t, \theta^{(0)}) \log p(x_t, z|\theta) dz$$
$$\theta^{(1)} = \arg\max_\theta Q^{(1)}(\theta|\theta^{(0)})$$
とする．

反復：$t := 2, \cdots, n$
以下の E-Step と M-Step を 1 回ずつ実行する．

E-Step. x_t を読み込んで以下の関数を計算する．
$$Q^{(t)}(\theta|\theta^{(t-1)})$$
$$:= (1-r)Q^{(t-1)}(\theta|\theta^{(t-2)}) + r \int p(z|x_t, \theta^{(t-1)}) \log p(x_t, z|\theta) dz.$$

M-Step. 推定値 $\theta^{(t)}$ を以下で求める．
$$\theta^{(t)} := \arg\max_\theta Q^{(t)}(\theta|\theta^{(t-1)}).$$

図 **8.3** オンライン忘却型アルゴリズム

8.2 ヘリンジャー距離の近似的計算方法

3.3 節で外れ値スコアの計算法としてヘリンジャースコア (3.2) を定義したが，ガウス混合分布に対してヘリンジャースコアを陽に計算するのは解析的に難しい．本節ではヘリンジャースコアの近似的な計算式を与える．

$$d_h(p^{(t)}, p^{(t-1)}) \stackrel{\text{def}}{=} \int \left(\sqrt{p^{(t)}(\boldsymbol{y}|\boldsymbol{x})} - \sqrt{p^{(t-1)}(\boldsymbol{y}|\boldsymbol{x})} \right)^2 d\boldsymbol{y}$$

として，ヘリンジャースコアは以下のように展開できることに注目する．

$$S_H(\boldsymbol{x}_t, \boldsymbol{y}_t)$$
$$= \frac{1}{r^2} \left(2 - 2 \sum_{\boldsymbol{x}} \sqrt{p^{(t)}(\boldsymbol{x})p^{(t-1)}(\boldsymbol{x})} \int \sqrt{p^{(t)}(\boldsymbol{y}|\boldsymbol{x})p^{(t-1)}(\boldsymbol{y}|\boldsymbol{x})} d\boldsymbol{y} \right)$$
$$= \frac{1}{r^2} \left(2 - 2 \sum_{\boldsymbol{x}} \sqrt{p^{(t)}(\boldsymbol{x})p^{(t-1)}(\boldsymbol{x})} + \sum_{\boldsymbol{x}} \sqrt{p^{(t)}(\boldsymbol{x})p^{(t-1)}(\boldsymbol{x})} d_h(p^{(t)}, p^{(t-1)}) \right).$$

ここで $d_h(p^{(t)}, p^{(t-1)})$ の部分が混合モデルに対しては計算が困難になっている．そこで $||\theta - \theta'||$ が小さいという条件の下で次の近似式を用いる．

$$d_h(p(\cdot|\theta), p(\cdot|\theta')) \\ \sim \sum_{i=1}^k \left(\sqrt{c_i} - \sqrt{c_i'}\right)^2 + \sum_{i=1}^k \frac{c_i + c_i'}{2} d_h(p(\cdot|\mu_i, \Sigma_i), p(\cdot|\mu_i', \Sigma_i')).$$

ここに

$$\begin{aligned}
&d_h(p(\cdot|\mu_i, \Sigma_i), p(\cdot|\mu_i', \Sigma_i')) \hspace{5em} (8.4)\\
&= \int \left(\sqrt{p(\boldsymbol{y}|\mu_i, \Sigma_i)} - \sqrt{p(\boldsymbol{y}|\mu_i', \Sigma_i')}\right)^2 d\boldsymbol{y}\\
&= 2 - \frac{2|(\Sigma_i^{-1} + \Sigma_i'^{-1})/2|^{-1/2}}{|\Sigma_i|^{1/4}|\Sigma_i'|^{1/4}}\\
&\quad \times \exp\left[(1/2)(\Sigma_i^{-1}\mu_i + \Sigma_i'^{-1}\mu_i')^T(\Sigma_i^{-1} + \Sigma_i'^{-1})^{-1}(\Sigma_i^{-1}\mu_i + \Sigma_i'^{-1}\mu_i')\right]\\
&\quad \times \exp\left[-(1/2)(\mu_i^T\Sigma_i^{-1}\mu_i + \mu_i'^T\Sigma_i'^{-1}\mu_i')\right].
\end{aligned}$$

これは代数的に計算可能な量である．

8.3 Burge and Shawe-Taylor のアルゴリズム

3.3.4 項でオンライン外れ値検出方式のカーネルバージョンを示したが，本節では，その原型となった Burge and Shawe-Taylor のアルゴリズムを文献 [8] に沿って紹介する．

本アルゴリズムは Grabec のアルゴリズム（SDPU アルゴリズムで $r = 1/t$ とした場合）を用いてプロトタイプを推定する．ここでプロトタイプとは，カーネルの中心点（平均値）を意味する．しかし，SDPU アルゴリズムとは異なり，連立 1 次方程式 (3.10) を直接解くのではなく，プロトタイプ更新のために以下の逐次的計算法を用いる．ただし，$\Delta q_{kl}^{(t,s)}$ はプロトタイプの更新差分として，$B_{jm}^{(t)}$ や $C_{jmkl}^{(t)}$ は 3.3.4 項の式 (3.11) と (3.12) に従うとする．

$$\Delta q_{jm}^{(t,s+1)} := B_{jm}^{(t)} - r_t \sum_{k \neq j}^K \sum_{l \neq m}^n C_{jmkl}^{(t)} \Delta q_{kl}^{(t,s)}.$$

ここに s は反復数のインデックスを表し，$\Delta q^{(t,0)} = B^{(t)}$ であるとする．データ $\boldsymbol{y}_{t+1}$ のプロファイル $v^{(t+1)} = (v_1^{(t+1)}, \cdots, v_K^{(t+1)})$ を以下で定義する．

$$v_j^{(t+1)} \stackrel{\text{def}}{=} \frac{\exp(-|\boldsymbol{y}_{t+1} - q_j^{(t)}|)}{\sum_{j=1}^K \exp(-|\boldsymbol{y}_{t+1} - q_j^{(t)}|)} \quad (j = 1, \cdots, K).$$

ここに K はプロトタイプの数である．$v_j^{(t+1)} > 0 \ (j = 1, \cdots, K)$ かつ $\sum_{j=1}^K v_j^{(t+1)} = 1$ となることに注意する．

次に2つの忘却パラメータ r_1, r_2 を導入して2つの確率分布 $S(t)$ と $L(t)$ を以下に従って計算する．

$$S(t) := (1 - r_1)S(t-1) + r_1 v^{(t)},$$
$$L(t) := (1 - r_2)L(t-1) + r_2 S(t).$$

ここで，$0 < r_1, r_2 < 1$ に対して，$r_1/r_2 \ll 1$ とおき，$S(t)$ を**短期モデル (short term model)**，$L(t)$ を**長期モデル (long term model)** と呼ぶ．長期モデルでは，ゆっくり変動する長期的傾向をモデル化している．一方，短期モデルでは，データに過敏に反応して変動する短期的な傾向をモデル化している．

$S(t)$ の第 j 成分を $S_j(t)$，$L(t)$ の第 j 成分を $L_j(t)$ とかくとき，初期値としては $S_j(0) = 1/K$ および $L_j(0) = 1/K$ とおく．ここで $S_j(t) > 0$, $L_j(t) > 0 \ (j = 1, \cdots, K), \sum_{j=1}^K S_j(t) = 1, \sum_{j=1}^K L_j(t) = 1$ が成り立つことに注意せよ．

$\boldsymbol{y}_{t+1}$ のスコアを，長期モデルと短期モデルのヘリンジャー距離として以下のように定義する．

$$S(\boldsymbol{y}_{t+1}) = \sum_j \left(\sqrt{S_j(t)} - \sqrt{L_j(t)}\right)^2.$$

つまり，$S(\boldsymbol{y}_{t+1})$ が高ければ，短期モデルと長期モデルの距離が離れているという意味で異常であると見なされるのである．

このように，短期モデルと長期モデルの2つを構成しているところに本アルゴリズムの特徴がある．

8.4 モデル選択と MDL 規準
8.4.1 MDL 規準と確率的コンプレキシティ

データの生成機構を表す確率モデルが複数あったとする．その中から与えられたデータ列の生成機構を説明するものとして最も適切なものを選択する問題を**モデル選択 (model selection)** の問題と呼ぶ．ここで，「モデル」とは単なる確率モデルのパラメータではなく，パラメータの数など確率モデルの構造を大きく規定するものを意味する．機械学習における**一括型学習 (batch learning)** の問題の多くはモデル選択の問題に帰着できるといってよい．モデル選択に関する一般論に関しては [77] などに詳しい．

今，データは有限アルファベット $\mathcal{X}$ に値をとるものとし，簡単のため，$X \in \mathcal{X}$ を離散変数とする．確率モデルのクラスを $\mathcal{P}$ と記す．モデル選択とは，データ列 $x^n = x_1, \cdots, x_n$ が与えられたときに，$\mathcal{P}$ の中から，このデータを生成する確率モデルとして最良なものを求める問題である．

確率モデルの良し悪しの規準として，情報理論における**歪なし情報源符号化 (noiseless coding)** の規準を採用することを考える．これは確率モデルを用いて与えられたデータ列を符号化する際に，最も短く符号化する際に用いられる確率モデルを最良と見なす規準である．ここで，符号化には，符号語の語頭が互いに一致しないという制約をおいた**語頭符号 (prefix coding)** [12] を用いるということを条件とする．このような規準のことを**記述長最小規準 (Minimum Description Length criterion)** [49]，略して **MDL 規準**と呼ぶ．

一括型学習を考える上で有効な符号化は **2 段階符号化 (2 step coding)** である．これは，データを記述するのに，まず確率モデル P を固定してデータ列 x^n を符号化し，次に P 自身を符号化するものである．この際の前者の語頭符号化として符号長が $-\log P(x^n)$ で与えられるものの存在が知られている（例えば，**算術符号化 (arithmetic coding)** [49] などがそうである）．情報理論におけるシャノンの**第 1 符号化定理 (Shannon's 1st coding theorem)**（例えば，[12] 参照）によれば，P が既知である場合，このような符号長をもつ符号化は最短の平均符号長を達成することが知られている．以下，対数は本章を通じて自然対数を扱うとする．

また，後者の P 自身の符号長を $\ell(P)$ と記すとき，とりうる確率モデルのクラス全体を $\mathcal{P}$ とすると，$\ell(P)$ が語頭符号長であるためには，以下の**クラフトの不等式 (Kraft's inequality)** を満たすことが必要十分であることが知られている（例えば，[12] 参照）．

$$\sum_{P \in \mathcal{P}} 2^{-\ell(P)} \leq 1. \tag{8.5}$$

2 段階符号化の総符号長は以下のように与えられる．

$$-\log P(x^n) + \ell(P). \tag{8.6}$$

そこで 2 段階符号化に基づく MDL 規準を採用すると，上式を最小化する P を最良なモデルとして出力する一括型学習アルゴリズムが得られる．これを **MDL アルゴリズム (MDL algorithm)** と呼ぶ．

今，$\mathcal{P}_k = \{P(X|\theta) : \theta \in \Theta\}$ を k 次元パラメトリックな確率モデルのクラスであるとする．θ は k 次元パラメータであり，パラメータ空間 Θ はコンパクトな k 次元パラメータ空間であるとする．このときパラメータ空間を $\delta = (\delta_1, \cdots, \delta_k)$ の幅で量子化するとき，パラメータ空間の体積を V として，式 (8.6) は以下のようにかける．

$$-\log P(x^n|\theta + \delta) + \log \frac{V}{\prod_{i=1}^{k} \delta_i}. \tag{8.7}$$

そこで，上式を θ と δ に関して最小化することを考える．第 1 項を θ の最尤推定値 $\hat{\theta} = \arg\max_\theta P(x^n|\theta)$ の周りで展開すると次式を得る．

$$-\log P(x^n|\theta + \delta) = -\log P(x^n|\hat{\theta}) - \frac{1}{2}\delta^T \left.\frac{\partial^2 \log P(x^n|\theta)}{\partial \theta_i \partial \theta_j}\right|_{\theta=\hat{\theta}} \delta + O(\|\delta\|^3). \tag{8.8}$$

式 (8.8) を式 (8.7) に代入し，$O(\|\delta\|^3)$ の項を無視して δ を含む項だけ取り出すと

$$-\frac{n}{2}\delta^T \left(\frac{1}{n}\left.\frac{\partial^2 \log P(x^n|\theta)}{\partial \theta_i \partial \theta_j}\right|_{\theta=\hat{\theta}}\right)\delta + \log \frac{V}{\prod_{i=1}^{k} \delta_i} \tag{8.9}$$

が得られる．これを δ に関して最小化することを考える．式 (8.9) を δ に関して微分してゼロにおき，これを δ に関して解く．そこで，$\left(-\frac{1}{n}\frac{\partial^2 \log P(x^n|\theta)}{\partial \theta_i \partial \theta_j}\Big|_{\theta=\hat{\theta}}\right)$ を第 (i,j) 成分とする行列を I と記し，$I = U^T \tilde{I} U$ ($\tilde{I} = diag(\tilde{I}_1, \cdots, \tilde{I}_k)$ は対角行列，U は直交行列）のように分解できるので，$\mathbf{1}$ を要素がすべて 1 の k 次元ベクトルとすれば，

$$\delta = U^{-1}\sqrt{\tilde{I}}\mathbf{1}/\sqrt{n} \tag{8.10}$$

にて最小値をとることがわかる．ここに，$\sqrt{\tilde{I}} = diag(\sqrt{\tilde{I}_1}, \cdots, \sqrt{\tilde{I}_k})$ である．この δ に対して，式 (8.8) は次式のように表される．

$$-\log P(x^n|\hat{\theta}) + \frac{k}{2}\log n + \log \frac{V}{\prod_{i=1}^k (U^{-1}\tilde{I}^{1/2}\mathbf{1})_i} + O\left(\frac{1}{n}\right). \tag{8.11}$$

与えられたデータ列 $x^n = x_1, \cdots, x_n$ のモデルクラス $\mathcal{P}_k$ に対する符号長は，正規化最尤分布を用いて，よりタイトな値を計算することができる．ここで，**正規化最尤分布 (normalized maximum likelihood distribution)** とは次式で与えられる確率分布である．これを $P_{NML}(x^n)$ と記す．

$$P_{NML}(x^n) = \frac{\max_{\theta \in \Theta} P(x^n|\theta)}{\int \max_{\theta \in \Theta} P(x^n|\theta) dx^n}. \tag{8.12}$$

正規化最尤分布に対する符号長は以下のように計算できる

定理 3 [50]：Θ 上の各点で一様に中心極限定理が成り立つという正則条件の下で，n が十分大のとき次が成立する．

$$\begin{aligned}&-\log P_{NML}(x^n) \\ &= \min_{\theta}\{-\log P(x^n|\theta)\} + \frac{k}{2}\log \frac{n}{2\pi} + \log \int \sqrt{|I(\theta)|}d\theta + o(1).\end{aligned} \tag{8.13}$$

ここで，$I(\theta)$ は

$$I_{i,j}(\theta) = \lim_{n \to \infty} \frac{1}{n} E_\theta \left[-\frac{\partial^2 \log P(X^n|\theta)}{\partial \theta_i \theta_j}\right]$$

を第 (i,j) 成分とするフィッシャー情報行列 (Fisher information matrix) と呼ばれる行列であり，$|I(\theta)|$ はその行列式を表す．E_θ は $P_k(\cdot|\theta)$ に関する平均を表す．$o(1)$ は x^n によらず一様に $\lim_{n\to\infty} o(1) = 0$ となる量である．

証明 ここでは証明の概略を示す．証明の詳細は [50] を参考にされたい．パラメータ空間 Θ を 1 辺の長さが $r/\sqrt{n}$（r は定数）となるように離散化し（これを量子化と呼ぶ），代表点の 1 つを $\bar{\theta}$ と記す．

$R_d(\bar{\theta})$ は $\bar{\theta}$ を中心とする 1 辺の長さ $d = r/\sqrt{n}$ の離散化された区間を表すとする．さらに，以下を定める．

$$Q_d(\bar{\theta}) \stackrel{\text{def}}{=} \int_{x^n : \hat{\theta}(x^n) \in R_d(\bar{\theta})} P(x^n|\bar{\theta}) dx^n,$$

$$P_d(\bar{\theta}) \stackrel{\text{def}}{=} \int_{\theta \in R_d(\bar{\theta})} \frac{n^{k/2}}{(2\pi)^{k/2}|I(\theta)|^{k/2}} \exp\left(-\frac{1}{2}(\theta - \bar{\theta})^T I^{-1}(\bar{\theta})(\theta - \bar{\theta})\right) d\theta.$$

以下の手順で証明できる．

Step 1：十分大な n に対して，$Q_d(\bar{\theta})$ と $P_d(\bar{\theta})$ は十分近づく．

$$\forall \varepsilon > 0, \quad |Q_d(\bar{\theta}) - P_d(\bar{\theta})| \leq \varepsilon$$

Step 2：中心極限定理を用いることにより，$P_d(\bar{\theta})$ の上限について以下のように抑えられる．

$$P_d(\bar{\theta}) \leq \left(\frac{n}{2\pi}\right)^{k/2} |I(\bar{\theta})|^{1/2} \left(\frac{r}{\sqrt{n}}\right)^k.$$

Step 3：$Q_d(\bar{\theta})$ のすべての代表点 $\bar{\theta}$ にわたる和は以下のように上から抑えられる．

$$\sum_{\bar{\theta}} Q_d(\bar{\theta}) \approx \sum_{\bar{\theta}} P_d(\bar{\theta})$$

$$\leq \sum_{\bar{\theta}} \left(\frac{n}{2\pi}\right)^{k/2} |I(\bar{\theta})|^{1/2} \left(\frac{r}{\sqrt{n}}\right)^k$$

$$\leq (1 + o(1)) \left(\frac{n}{2\pi}\right)^{k/2} \int \sqrt{|I(\theta)|} d\theta.$$

Step 4： $n \to \infty$, $d \to 0$ に対して，次式が成り立つ．

$$\log \int P(x^n|\bar{\theta})dx^n \approx \log \sum_{\bar{\theta}} Q_d(\bar{\theta}) \tag{8.14}$$
$$= \frac{k}{2}\log\frac{n}{2\pi} + \log\int\sqrt{|I(\theta)|}d\theta + o(1).$$

Step 5： $n \to \infty$, $d \to 0$ に対して，

$$\log \int P(x^n|\hat{\theta})dx^n \approx \log \int P(x^n|\bar{\theta})dx^n \tag{8.15}$$

であるから，式 (8.14) と (8.15) を合わせると，式 (8.13) が成り立つ．
□

例えば，X のとりうる範囲を $\{0,1\}$ として，確率モデルのクラスを独立生起なベルヌイモデルとする ($P = \{P(X=1|\theta) = \theta : 0 \le \theta \le 1)\}$)．この場合，フィッシャー情報行列は $I(\theta) = 1/\{\theta(1-\theta)\}$ と計算されるから，長さが n の系列 x^n のベルヌイモデルクラスに関する式 (8.13) の値は以下のように計算できる．

$$nH\left(\frac{n_1}{n}\right) + \frac{1}{2}\log\frac{n}{2\pi} + \log\int\frac{1}{\{\theta(1-\theta)\}^{1/2}}d\theta = nH\left(\frac{n_1}{n}\right) + \frac{1}{2}\log\frac{n\pi}{2}.$$

ここに，$H(x) = -x\log x - (1-x)\log(1-x)$ であり，n_1 は $x=1$ が出現した回数を表す．

今，k に関して $\mathcal{P}_1 \subset \cdots \subset \mathcal{P}_k \subset \mathcal{P}_{k+1} \subset \cdots$ といった階層構造をもつと仮定し，様々な k を包含する和集合 $\mathcal{P} = \bigcup_k \mathcal{P}_k$ を確率モデルのクラスとした場合を考えると，MDL アルゴリズムは，与えられたデータ列 x^n から以下の規準を最小化する k で指定された P_k を出力する．

$$\min_\theta \{-\log P_k(x^n|\theta)\} + \frac{k}{2}\log\frac{n}{2\pi} + \log\int\sqrt{|I(\theta)|}d\theta. \tag{8.16}$$

式 (8.16) の値を，データ列 x^n の $\mathcal{P}_k$ に関する**確率的コンプレキシティ (stochastic complexity)** と呼ぶ [50]．

8.4.2 MDL 推定の収束速度

MDL アルゴリズムの性能を真のモデルに対する収束速度という観点から評価する．今，データが真に未知の確率分布 P^*（これを真の分布と呼ぶ）に従って独立に発生しているとする．データ列 x^n から学習されたモデルを $\hat{P}_{[x^n]}$ と記すとき，$\hat{P}_{[x^n]}$ と P^* のヘリンジャー距離を

$$d_H(P^*, \hat{P}_{[x^n]}) = \sum_X \left(\sqrt{P^*(X)} - \sqrt{\hat{P}_{[x^n]}(X)}\right)^2$$

として定め，MDL アルゴリズムの**統計的リスク (statistical risk)** を，データ x^n の発生に関して P^* について期待値（$E^n_{P^*}$ と表す）をとった値として以下で定める．

$$E^n_{P^*}\left[d_H(P^*, \hat{P}_{[x^n]})\right].$$

このとき，以下が成り立つ．

定理 4 [4]： 真の分布 P^* がある k に対して $\mathcal{P}_k$ の中に含まれており，$k = k^*$ がそのような最小の k であるとき，$\mathcal{P} = \bigcup_k \mathcal{P}_k$ を確率モデルのクラスとした場合の MDL アルゴリズムに対する統計的リスクは

$$E^n_{P^*}\left[d_H(P^*, \hat{P}_{[x^n]})\right] = O\left(\frac{k^* \log n}{n}\right)$$

のオーダーで n が増大につれてゼロに収束する．

また，確率モデルのクラスを，3.6.2 項で扱った確率的決定リストのような確率的分類ルールのクラスに限ると，MDL 原理によって推定されたモデルの収束速度はより厳密な形で記述することができる．

今，$\mathcal{X}$ は有界な実数値の空間，$\mathcal{Y} = \{0, 1\}$ として，$X \in \mathcal{X}$ に対する $Y \in \mathcal{Y}$ の条件付き確率分布 $P(Y|X)$ に構造 M が与えられているとし，これを $P(Y|X:M)$ とかく．例えば，3.6.2 項における式 (3.13) のような確率的決定リストの構造が M にあたる．

より一般的なモデルを考えよう．$\mathcal{X}$ を有限の排反な区間に分割してそれぞれに一定の確率で $Y = 1$ を割り当てるような条件付き確率分布の全体を，**有**

限分割型の確率的規則 (stochastic rules with finite partitioning) と呼ぶ [63]．確率的決定リストの全体は有限分割型の確率的規則の 1 つの部分クラスである．そのようなある特定の構造の入った有限分割型の確率的規則の部分クラスの 1 つを $\mathcal{M}$ で表す．このとき，MDL アルゴリズムで推定された確率モデルの収束速度については以下が成立する．

定理 5 [63]： $\mathcal{M}$ を有限分割型の確率的規則の 1 クラスとする．今，$D_i = (X_i, Y_i)$ $(i = 1, \cdots, m)$ が未知の確率分布 $Q(X)P(Y|X : M^*)$ に従って独立に生起しているとする．ここに，$P(Y|X : M^*) \in \mathcal{M}$ とする．このとき，$D^n = D_1, \cdots, D_n$ から MDL アルゴリズムを用いて推定した $\mathcal{M}$ のモデルを $\hat{P}_{[D^n]}$ とするとき，任意の $\varepsilon > 0$, $Q(X)$, n に対して，次式が成立する．

$$Prob[\, d_H(P^*, \hat{P}_{[D^n]}) > \varepsilon \,] \qquad (8.17)$$
$$\leq \exp\left\{ -\frac{n\varepsilon}{2} + \left(\frac{k^* \log n}{2} + 3k^* + \ell(M^*) \ln 2 \right) \right\}.$$

ここに，k^* は M^* に含まれる実数値パラメータの数，$\ell(M^*)$ は M^* の決定的な構造を符号化するのに必要な符号長である．（例えば，式 (3.13) の確率的決定リストの例でいえば，k^* は条件の数 s に相当し，$\ell(M^*)$ は $t_1, \cdots, t_s$ を符号化するのに必要な総符号長である．）

本定理は MDL 推定分布が真の分布に指数的な速度で確率収束することを示している．本定理は MDL アルゴリズムの収束速度に関して，これまで知られている中で最もタイトで精密な評価を与えている．証明は大変複雑である．十分紙面を割いて証明の奥義を説きたいところだが，それは別書で展開することにして本書では割愛する．興味のある方は，定理 4 については文献 [4] を，定理 5 については文献 [63] を参照されたい．

8.4.3　逐次的符号化と Minimax Regret

データ系列の符号化の方法は 2 段階符号化ばかりではない．データを逐次的に符号化する方法もある．そこで，本項では逐次的な確率分布の予測問題と，これに伴う逐次的符号化問題を考える．これは以下のように定式化できる．

まず，$\mathcal{X}$ を定義域として，ここに値をとるデータ（離散値でも連続値でもよいが，仮に離散値であるとする）を $x_1, x_2, \cdots$ とする．**確率的予測アルゴリズム (stochastic prediction algorithm)** とは各時刻 $t = 1, 2, \cdots$ において，過去の系列 $x^{t-1} = x_1 \cdots x_{t-1}$ に基づいて $\mathcal{X}$ 上の確率密度関数 $P(\cdot|x^{t-1})$ を出力し，その後に正解 x_t を受け取る，その過程を t に関して繰り返すものとする．その際，時刻 t における予測損失を $-\log P(x_t|x^{t-1})$ で定義される**対数損失 (logarithmic loss)** で測る．確率的予測アルゴリズム（$\mathcal{A}$ と記す）の出力系列を $\{P_\mathcal{A}(\cdot|x^{t-1}) : t = 1, 2, \cdots\}$ とするとき，長さ n の与えられた観測系列 $x^n = x_1, \cdots, x_n$ に対して，$\mathcal{A}$ の**累積対数損失 (cumulative logarithmic loss)** を

$$\sum_{t=1}^{n} \left(-\log P_\mathcal{A}(x_t|x^{t-1}) \right)$$

のように定める．ただし，$P_\mathcal{A}(\cdot|y_0) = P_0(\cdot)$ は初期に与えられているとする．

ここで，すでに見てきたように，対数損失 $-\log P_\mathcal{A}(x_t|x^{t-1})$ は x^{t-1} が与えられたときの，x_t の符号化に必要な符号長という解釈ができる．よって累積対数損失は x^n を逐次的に符号化する際の総符号長であると解釈することができる．このときの符号化のことを**逐次的符号化 (sequential coding)** と呼ぶ．

さて，確率的予測アルゴリズムとしては，できるだけ累積対数損失，つまり総符号長が小さくなるようなものを設計したい．しかし，まったく制約をおかずにアルゴリズムを考えるのではなく，**仮説空間 (hypothesis class)** と呼ばれる予測モデルの表現クラスを考えて，これを用いた確率予測アルゴリズムの中でどこまで小さい累積対数損失を実現できるだろうか，という問題を考える．つまり予測性能はあくまで仮説空間に相対的に評価するものとする．

ここで，仮説空間に相対的な確率的予測アルゴリズム $\mathcal{A}$ の評価基準として仮説空間 $\mathcal{P}$ に関する**ワーストケースリグレット (worst-case regret)** を以下のように定める．

$$R_n(\mathcal{A} : \mathcal{P}) \stackrel{\text{def}}{=} \sup_{x^n} \left(\sum_{t=1}^{n} \left(-\log P_\mathcal{A}(x_t|x^{t-1}) \right) - \inf_{P \in \mathcal{P}} \sum_{t=1}^{n} \left(-\log P(x_t|x^{t-1}) \right) \right).$$

これは $\mathcal{P}$ 上の最小累積対数損失と $\mathcal{A}$ の累積対数損失との差が最悪の場合でどこまで大きくなるか，といった量を表している．さらに，サンプル数 n に対し

て仮説空間 $\mathcal{P}$ に関するミニマックスリグレット (**minimax regret**) を以下で定める．

$$R_n(\mathcal{P}) \stackrel{\text{def}}{=} \inf_{\mathcal{A}} R_n(\mathcal{A} : \mathcal{P}).$$

ここで，inf はすべての確率的予測アルゴリズム上でとられるものとする．これはワーストケースリグレットを最小化するアルゴリズムを最終的な目標とする基準であるといえる．

そこで，確率的予測アルゴリズムの出力系列である予測分布系列は，次式によってデータ列の同時分布を定義していることに留意しよう．

$$P_\mathcal{A}(x^n) = \prod_{t=1}^n P_\mathcal{A}(x_t|x^{t-1}). \tag{8.18}$$

特に，仮説空間を k 次元パラメトリックな確率モデルのクラス $\mathcal{P}_k = \{P(\cdot|\theta) : \theta \in \Theta\}$ とし，パラメータ空間 Θ が k 次元コンパクトであると仮定すると，ミニマックスリグレットは以下のようにかき直すことができる．

$$R_n(\mathcal{P}_k) = \inf_p \sup_{x^n} \log \frac{\max_{\theta \in \Theta} P(x^n|\theta)}{P(x^n)}.$$

Shtarkov [54] はミニマックスリグレットが式 (8.12) の 正規化最尤分布により達成されることを示した．よって，これを再び $P_{NML}(x^n)$ と記すと，式 (8.16) を用いることにより，ミニマックスリグレット自体の値は次式で与えられる．

$$\begin{aligned} R_n(\mathcal{P}_k) &= \int \max_{\theta \in \Theta} P(x^n|\theta) dx^n \\ &= \frac{k}{2} \log \frac{n}{2\pi} + \log \int \sqrt{|I(\theta)|} d\theta + o(1). \end{aligned} \tag{8.19}$$

ここで，式 (8.12) の同時分布を実現する確率的予測アルゴリズムは，各時刻 t で予測分布：

$$P(x|x^{t-1}) = \frac{P_{NML}(x \cdot x^{t-1})}{P_{NML}(x^{t-1})}. \tag{8.20}$$

を出力するアルゴリズムとして与えられる．

このことは，確率的コンプレキシティがミニマックスリグレットを達成する確率的予測アルゴリズムの累積対数損失である，ということを意味している．その意味からも確率的コンプレキシティは，符号長，推定，予測といった概念をつなぐ，本質的な情報理論的概念であることがわかる．

8.4.4 予測的確率的コンプレキシティ

逐次的予測問題においてミニマックスリグレットを与える予測方式は各時点における予測分布を式 (8.20) で計算するようなものであった．ところが，現実には，式 (8.12) の正確な値を計算するのは困難である．そこで，より効率良く符号化するための方法として幾つかの方法が提案されている．本項ではその1つとして予測符号化を紹介しよう．

ここで，データ列 $x_1, x_2, \cdots, x_n$ がこの順に与えられるとき，時刻 t では，すでに観測した過去のデータ $x^{t-1} = x_1, \cdots, x_{t-1}$ からモデルのパラメータ θ を推定し，推定値を $\hat{\theta}_{t-1}$ として，これを用いた確率モデルに対して，新たに生起したデータ x_t を符号化する方式を考える．ここで，推定値は最尤推定値やベイズ推定値など何でもよいとする．このときの符号長は

$$-\log P(x_t|\hat{\theta}_{t-1})$$

で与えられるので，これをデータ列にわたって累積した量

$$\sum_{t=1}^{n} -\log P(x_t|\hat{\theta}_{t-1}) \tag{8.21}$$

は x^n を逐次的に符号化した際の符号長を表す．このような符号化を，5.3.4項で見たように，**予測符号化 (predictive coding)** と呼び，(8.21) の量を**予測的確率的コンプレキシティ (predictive stochastic complexity)** と呼ぶ [48],[49]．

今，データが定常的であり，モデル（パラメータの次元数 k）が時間によらず一定であるとすると，最適な k の値は，式 (8.21) の値を最小にする k を選ぶことで求められる．これが定常的な場合の**予測的 MDL 原理 (predictive MDL principle)**[48] である．

予測的確率的コンプレキシティに関しては以下のような漸近的な性質がある．

定理 6： データが真の分布 $P(X|\theta)$ に従って独立に生起しているとき，任意の θ についてその最尤推定値 $\hat{\theta}$ に対して中心極限定理が成り立つような正則条件の下で次式が成立する．

8.4 モデル選択と MDL 規準

$$E_\theta^n \left[\sum_{t=1}^n -\log P(x_t|\hat{\theta}_{t-1}) \right] = E_\theta^n[-\log P(x^n|\theta)] + \frac{k}{2}\log n + o(\log n). \tag{8.22}$$

E_θ^n は $P(x^n|\theta)$ に関する平均操作を表す.

証明 まず,各 t について E_θ^t を $P(x^t|\theta)$ に関する平均操作を表すとすると,次式が成り立つことに注目する.

$$E_\theta^n \left[\sum_{t=1}^n -\log P(x_t|\hat{\theta}_{t-1}) \right] = \sum_{t=1}^n E_\theta^t \left[-\log P(x_t|\hat{\theta}_{t-1}) \right]. \tag{8.23}$$

そこで,$-\log P(x_t|\hat{\theta}_{t-1})$ を θ の周りでテイラー展開を行うことにより,次式を得る.

$$\begin{aligned}
&-\log P(x_t|\hat{\theta}_{t-1}) \\
&= -\log P(x_t|\theta) - \left.\frac{\partial \log P(x_t|\theta)}{\partial \theta}\right|_\theta (\hat{\theta}_{t-1} - \theta) \\
&\quad -\frac{1}{2}(\hat{\theta}_{t-1} - \theta)^T \left.\frac{\partial^2 \log P(x_t|\theta)}{\partial \theta_i \partial \theta_j}\right|_\theta (\hat{\theta}_{t-1} - \theta) + O(\|\hat{\theta}_{t-1} - \theta\|^3).
\end{aligned}$$

ここで,$I(\theta) \stackrel{\text{def}}{=} E_\theta[-\partial^2 \log P(x_t|\theta)/\partial \theta_i \partial \theta_j]$(フィッシャー情報行列)と定め,上式の両辺を $P(x^t|\theta)$ について期待値をとると,十分大きな t に対して次式を得る.

$$\begin{aligned}
&E_\theta^t \left[-\log P(x_t|\hat{\theta}_{t-1}) \right] \\
&= E_\theta^t[-\log P(x_t|\theta)] + E_\theta^{t-1}[(\hat{\theta}_{t-1} - \theta)] E_\theta\left[-\left.\frac{\partial \log P(x_t|\theta)}{\partial \theta}\right|_\theta \right] \\
&\quad + E_\theta^{t-1}\left[\frac{\sqrt{t-1}(\hat{\theta}_{t-1} - \theta)^T I(\theta) \sqrt{t-1}(\hat{\theta}_{t-1} - \theta)}{2(t-1)} \right] + o(1/n) \\
&= E_\theta^t[-\log P(x_t|\theta)] + \frac{k}{2(t-1)} + o(1/n). \tag{8.24}
\end{aligned}$$

ここで,$E_\theta[-(\partial \log P(x_t|\theta)/\partial \theta)|_\theta] = 0$ であることと,中心極限定理によって,t が十分大のときに $\hat{\theta} - \theta$ が平均 0,分散共分散行列が $(\sqrt{t}I(\theta))^{-1}$ の正規

分布に従うことから，$\sqrt{t-1}(\hat{\theta} - \theta)^T I(\theta)\sqrt{t-1}(\hat{\theta} - \theta)$ の平均値は k に等しくなることを用いた．

式 (8.24) を式 (8.23) に代入することにより次式を得る．

$$E_\theta^n\left[\sum_{t=1}^n -\log P(x_t|\hat{\theta}_{t-1})\right] = \sum_{t=1}^n E_\theta^t[-\log P(y_t|\theta)]$$
$$+ \sum_{t=o(\log n)}^n \frac{k}{2(t-1)} + o(\log n)$$
$$= E_\theta^n[-\log P(x^n|\theta)] + \frac{k}{2}\log n + o(\log n).$$

よって式 (8.22) を得る． □

一方で，$\theta - \hat{\theta}_n$ が中心極限定理に従うことから，

$$E_\theta^n[-\log P(x^n|\theta)] = E_\theta^n[-\log P(x^n|\hat{\theta}_n)]$$
$$+ E_\theta^n\left[\frac{1}{2}\sqrt{n}(\theta - \hat{\theta}_n)^T \hat{I}(\hat{\theta}_n)\sqrt{n}(\theta - \hat{\theta}_n)\right] + o(1)$$
$$= E_\theta^n[-\log P(x^n|\hat{\theta}_n)] + \frac{k}{2} + o(1) \qquad (8.25)$$

が成り立つ．ここで，

$$\hat{I}(\hat{\theta}) = -\frac{1}{n}\left.\frac{\partial^2 \log P(x^n|\theta)}{\partial \theta_i \partial \theta_j}\right|_{\theta=\hat{\theta}_n} \to I(\theta) \ (n \to \infty)$$

であることと，$\sqrt{n}(\theta - \hat{\theta}_n)^T I(\theta)\sqrt{n}(\theta - \hat{\theta}_n)$ は平均 k の χ^2 分布に従うことを用いた．

そこで，式 (8.16) の両辺を E_θ^n で平均をとると，式 (8.25) を用いることにより，

$$E_\theta^n[-\log P(x^n|\theta)] + \frac{k}{2}\log\frac{n}{2\pi e} + \log\int \sqrt{|I(\theta)|}d\theta + o(1) \qquad (8.26)$$

となることがわかる．これは式 (8.22) の右辺と $O(1)$ 以内で一致している．すなわち，予測的確率的コンプレキシティと確率的コンプレキシティは期待値の意味では $O(1)$ の範囲内で漸近的に等価な量であるといえる．

8.4.5 ベイズ符号化と Mixture 形式の確率的コンプレキシティ

予測符号化ではパラメータを推定しながら，予測分布でデータを逐次的に符号化したが，パラメータを推定する代わりに，ベイズ予測分布を用いて逐次的に符号化する方法も考えられる．これを**ベイズ予測符号化 (Bayesian predictive coding)** と呼ぶ．これを以下に説明しよう．与えられた k 次元パラメトリックな確率モデルのクラスを $\mathcal{P}_k = \{P(x|\theta)\}$ としよう．各時点 t で，$x^{t-1} = x_1, \cdots, x_{t-1}$ が与えられているとして

$$P(\cdot|x^{t-1}) = \int P(\theta|x^{t-1})P(\cdot|\theta)d\theta$$

を予測分布として構成する．ここに，$\pi(\theta)$ は θ の事前確率密度関数であり，

$$P(\theta|x^{t-1}) = \frac{\pi(\theta)\prod_{j=1}^{t-1} P(x_j|\theta)}{\int \pi(\theta)\prod_{j=1}^{t-1} P(x_j|\theta)d\theta}$$

は θ の事後確率密度関数である．このとき，$x^n = x_1, \cdots, x_n$ の総符号長は以下のように計算できる．

$$\begin{aligned}
&\sum_{t=1}^{n} -\log P(x_t|x^{t-1}) \\
&= \sum_{t=1}^{n} \left\{ -\log \int P(\theta) \prod_{j=1}^{t} P(x_j|\theta)d\theta + \log \int P(\theta) \prod_{j=1}^{t-1} P(x_j|\theta)d\theta \right\} \\
&= -\log \int \pi(\theta) \prod_{j=1}^{n} P(x_j|\theta)d\theta.
\end{aligned} \quad (8.27)$$

ここで，π をジェフリーズの事前分布 (Jeffereys' prior) と呼ばれる確率密度関数 [11]：

$$\pi(\theta) = \frac{\sqrt{|I(\theta)|}}{\int \sqrt{|I(\theta)|}d\theta}$$

またはそれに多少修正を施した確率密度関数に設定すると，式 (8.27) は式 (8.16) に一致することが知られている（例えば，[11],[58] を参照せよ）．そこで，式 (8.27) を **mixture 形式の確率的コンプレキシティ (mixture-type stochastic complexity)** と呼ぶ．

8.5 拡張型確率的コンプレキシティ

8.5.1 拡張型確率的コンプレキシティと一般化 MDL

前節の理論では，統計的決定理論の立場から述べると，

A) データ生成モデルとして確率モデルのクラスを対象にして，
B) 損失関数を符号長（あるいは対数損失）で測る，

といった前提の下で論じられた．これは，情報理論や統計学の立場では自然な設定である．しかしながら，データマイニングにおける実際問題を扱う上では限定的である．そこで，この枠組みを次のような設定に拡張することを考えよう．

A)′ 実数値関数による決定的な予測について，
B)′ 一般の損失関数を用いて予測損失を測る．

今，X を $\mathcal{X}$ に値をとる説明変数，Y を $\mathcal{Y}$ に値をとる目的変数とする．簡単のため，$\mathcal{X}$ は有界集合，$\mathcal{Y} = [0, 1]$ とする．$\mathcal{F}_k = \{f_\theta(X) : \theta \in \Theta\}$（$\theta$ は k 次元コンパクト集合 Θ 上に値をもつパラメータ）を k 次元パラメトリックな実数値関数のクラスとし，$L : \mathcal{Y} \times \mathcal{Y} \to [0, +\infty)$ を一般の損失関数とする．例えば，以下のような損失関数を考えることができる．

$L(y, z) = (y - z)^2$ （2乗損失），
$L(y, z) = |y - z|^\alpha$（α-損失，$\alpha > 0$），
$L(y, z) = y \ln \dfrac{y}{z} + (1 - y) \ln \dfrac{1 - y}{1 - z}$ （エントロピー損失），
$L(y, z) = \dfrac{1}{2} \left((\sqrt{y} - \sqrt{z})^2 + (\sqrt{1 - y} - \sqrt{1 - z})^2 \right)$ （ヘリンジャー損失），
$L(y, z) = \dfrac{1}{2}(-(2y - 1)(2z - 1) + \ln(e^{2z-1} + e^{-2z+1}) + B)$
$\hspace{10em}$（ロジスティック損失），

ここに $B = \ln(1 + e^{-2})$ とする．

上記の設定の下で，式 (8.27) で与えられる mixture 形式の確率的コンプレキシティを一般化しよう．今，$\pi(\theta)$ を θ に関する事前確率密度関数として，与えられたデータ列 $D^n = D_1, \cdots, D_n (D_t = (x_t, y_t) \in \mathcal{X} \times \mathcal{Y} (t = 1, \cdots, n))$ の $\mathcal{F}_k$ に関

する拡張型確率的コンプレキシティ (Extended Stochastic Complexity; ESC) を以下のように定義する [64].

$$ESC(D^n : \mathcal{F}_k) \stackrel{\text{def}}{=} -\frac{1}{\lambda} \ln \int \pi(\theta) \exp\left(-\lambda \sum_{t=1}^{n} L(y_t, f_\theta(x_t))\right) d\theta.$$

今,$\mathcal{F}_k$ のパラメータ空間 Θ をサンプル数 n に依存して離散化して得られる空間を $\Theta^{(n)}$ とし,$\theta \in \Theta^{(n)}$ を代表点とする $\theta' \in \Theta$ の集合を $S(\theta)$ とする(つまり,θ に丸められる θ' の全体).そこで,$W(\theta) \stackrel{\text{def}}{=} \int_{\theta' \in S(\theta)} \pi(\theta') d\theta'$ とおくことにより,$ESC(D^n : \mathcal{F}_k)$ を以下のように近似することができる.

$$\begin{aligned}
ESC(D^n : \mathcal{F}_k) &\approx -\frac{1}{\lambda} \ln \left\{ \sum_{\theta \in \Theta^{(n)}} W(\theta) \exp\left(-\lambda \sum_{t=1}^{n} L(y_t, f_\theta(x_t))\right) \right\} \\
&\leq -\frac{1}{\lambda} \ln \max_{\theta \in \Theta^{(n)}} \left\{ W(\theta) \exp\left(-\lambda \sum_{t=1}^{n} L(y_t, f_\theta(x_t))\right) \right\} \\
&= \min_{\theta \in \Theta^{(n)}} \left\{ \sum_{t=1}^{n} L(y_t, f_\theta(x_t)) - \frac{1}{\lambda} \ln W(\theta) \right\}. \quad (8.28)
\end{aligned}$$

ここで,$\ell : \Theta^{(n)} \to [0, \infty]$ を

$$\sum_{\theta \in \Theta^{(n)}} e^{-\ell(\theta)} \leq 1$$

を満たす一般の関数とすると,式 (8.28) は次式で抑えられることがわかる.

$$\min_{\theta} \left\{ \sum_{t=1}^{n} L(y_t, f_\theta(x_t)) + \frac{1}{\lambda} \ell(\theta) \right\}$$

そこで,拡張型確率的コンプレキシティをこの形で近似するための関数としては,

$$\sum_{t=1}^{n} L(y_t, f_\theta(x_t)) + \frac{1}{\lambda} \ell(\theta) \quad (8.29)$$

を最小化する f_θ ($\theta \in \Theta^{(n)}$) と k を求めることに帰着される.データ列が与えらたとき,(8.29) に従って関数を推定する関数推定アルゴリズムを **Minimum L-Complexity** アルゴリズム (Minimum L-Complexity algorithm; **MLC**) と呼ぶことにする.これは一般の統計的枠組みの中での MDL アルゴリズムの一般化に相当する.

8.5.2 一般化 MDL の収束速度

上で与えた，Minimum L-Complexity アルゴリズムの基本的性質を示そう．以下の設定を考える．

各データ $D_i = (x_i, y_i)$ は独立に $\mathcal{X} \times \mathcal{Y}$ 上の未知の確率分布 P に従って生起しているものとする．$\mathcal{F} = \bigcup_k \mathcal{F}_k$ をデータ y と x の関係を表現するモデルのクラスとし，**仮説空間 (hypothesis class)** と呼ぶ．ここでは $\mathcal{X}$ から $\mathcal{Y}$ への関数のクラスとする．

一般に，**一括型学習アルゴリズム (batch-learning algorithm)** $\mathcal{A}$ とは，長さ n のデータ列 $D^n = D_1, \cdots, D_n$ が与えられたとき，$\mathcal{F}$ の元を1つ出力するアルゴリズムである．このとき，$\mathcal{A}$ の出力 f に対して，その P に関する**汎化損失 (generalization loss)** を以下で定義する．

$$\Delta_P(f) \stackrel{\text{def}}{=} E_P[L(y, f(x))] - \inf_h E_P[L(y, h(x))].$$

ここで E_P は P に関する $D = (x, y)$ の生起に関してとられるものとする．

さらに，サンプル数 n に対して，$\mathcal{A}$ の**統計的リスク (statistical risk)** を以下のように定める．

$$E_P^n \left[\Delta_P(\hat{f})\right].$$

ここに $\hat{f}$ は $\mathcal{A}$ の出力であり，これは入力系列 D^n に依存する確率変数である．E_P^n は，この変数の $P(D^n)$ に従う D^n の生成に関する平均操作を表す．一括型学習アルゴリズム $\mathcal{A}$ の良し悪しは，与えられたサンプル数 n に対していかに統計的リスクを小さくできるかどうかで測るものとする．そこで，統計的リスクが n の増大とともに 0 に収束する収束速度を問題にする．

Minimum L-Complexity アルゴリズムの統計的リスクの収束速度については以下の定理が成立する．

定理 7 [64]： 損失関数 L について，ある正数 $0 < C < \infty$ が存在して，すべての $D = (x, y), f \in \mathcal{H}$ に対して，$0 \leq L(y, f(x)) \leq C$ が成立するとする．

(A) 真の確率分布 P に対して，ある $k^* < \infty$ が存在して，$f^* = \arg\min_f E_P[L(y, f(x))]$ が $\mathcal{F}_{k^*}$ に含まれ，f_{θ^*} とかけるとする．

このとき，$\lambda = (1/C)\ln(1 + C((\ln n)/n)^{1/2}) = O(((\ln n)/n)^{1/2})$ とおくことにより，$\mathcal{F}_k$ に関するある正則条件の下で Mimumu L-Complexity アルゴリズムの統計的リスクは以下のオーダーでゼロに収束する．

$$E[\Delta_P(\hat{f})] = O\left(\left(\frac{\ln n}{n}\right)^{1/2}\right). \tag{8.30}$$

(B) 真の確率分布 P に対して，ある $\alpha > 0$ が存在して，各 k について，$\inf_{f \in \mathcal{H}_k} \Delta_P(f) = O(1/k^\alpha)$ を満たすとする．このとき，$\lambda = (1/C)\ln(1 + C((\ln n)/n)^{1/2})$ とおくことにより，Mimumu L-Complexity アルゴリズムの統計的リスクは以下のオーダーでゼロに収束する．

$$E[\Delta_P(\hat{f})] = O\left(\left(\frac{\ln n}{n}\right)^{\alpha/(2(\alpha+1))}\right). \tag{8.31}$$

ここで，式 (8.29) で与えられる ESC の近似式に着目しよう．ここで 2 段階符号化のときと同様，k 次元パラメータ空間を $(1/\sqrt{n})^k$ のオーダーで離散化すると，$\ell(\theta) = (k/2)\log n$ で与えられるが，定理 7 に従えば，式 (8.30) の収束速度を保障するためには式 (8.29) において $\lambda = O(((\ln n)/n)^{1/2})$ に設定すればよいことがわかる．よって，C を定数として，関数推定規準

$$\sum_{t=1}^n L(y_t, f_\theta(x_t)) + C\sqrt{n(\ln n)} \tag{8.32}$$

が得られる．特に，損失関数を 0-1 損失（正解に 0，誤りに 1 を値にとる損失関数）とするとき，式 (8.32) は 3.6.2 項の式 (3.17) に帰着される．

なお，2 乗損失，エントロピー損失に関しては，$\lambda = 1$ と設定することにより，

$$E[\Delta_P(\hat{f})] = O\left(\frac{\ln n}{n}\right) \tag{8.33}$$

に改善できることが知られている [3]．

8.5.3 拡張型確率的コンプレキシティと Minimax Regret

統計的決定理論の枠組みにおける逐次型予測問題を次のように設定する．逐次型予測アルゴリズム (sequnetial prediction algorithm)（$\mathcal{A}$ と記す）と

は，各時点 t で，$x_t \in \mathcal{X}$ を入力として予測値 $\hat{y}_t \in \mathcal{Y}$ を出力し，その後正しい値 $y_t \in \mathcal{Y}$ を受けるというプロセスを t に関して繰り返すアルゴリズムである．各時点での**予測損失** (instantaneous prediction loss) を $L(y_t, \hat{y}_t)$ で測り，長さ n のデータ列 $D^n = D_1, \cdots, D_n$ ($D_i = (x_i, y_i)$, $i = 1, \cdots, n$) に対しては，$\mathcal{A}$ を**累積予測損失** (cumulative prediction loss) $\sum_{t=1}^{n} L(y_t, \hat{y}_t)$ で評価する．この値が小さいほど良いアルゴリズムである．そこで以下，確率的予測アルゴリズムのときのミニマックスリグレットと同様に，仮説空間に相対的に，かつデータ列についてはワーストケースを考える予測評価基準を設定する．

k 次元パラメトリックな予測関数のクラスを $\mathcal{F}_k = \{f_\theta(x) : \theta \in \Theta\}$ を仮説空間とする．長さ n のデータ列の $\mathcal{F}_k$ に関するミニマックスリグレット (**minimax regret**) を以下のように定義する．

$$R_n(\mathcal{F}_k) = \inf_{\mathcal{A}} \sup_{D^n} \left\{ \sum_{t=1}^{n} L(y_t, \hat{y}_t) - \min_{\theta} \sum_{t=1}^{n} L(y_t, f_\theta(x_t)) \right\}.$$

逐次的予測問題では，上記ミニマックスリグレットを達成する逐次的予測アルゴリズムを設計すること，およびその累積予測損失を評価することが主たる目標になる．この目標に向かって様々な研究結果が生まれているが，ここでは主たる結果のみを簡単に紹介しよう．

まず，$\mathcal{Y} = [0, 1]$ とし，損失関数 L に対して，$L_0(z)$ および $L_1(z)$ をそれぞれ $L_0(z) \stackrel{\text{def}}{=} L(0, z)$ および $L_1(z) \stackrel{\text{def}}{=} L(1, z)$ で定める．このとき，L についてさらに以下の仮定を設ける．

仮定 3：

1) $L_0(z)$ と $L_1(z)$ は z に関して 2 階連続微分可能であり，$L_0(0) = L_1(1) = 0$ が成り立つ．また，任意の $0 < z < 1$ に対して，$L'_0(z) > 0$ かつ $L'_1(z) < 0$ が成り立つ．すなわち，L_0 は strict な単調増加関数であり，L_1 は strict な単調減少関数である．
2) λ^* を以下で定義する．

$$\lambda^* \stackrel{\text{def}}{=} \left(\sup_{0 < z < 1} \frac{L'_0(z) L'_1(z)^2 - L'_1(z) L'_0(z)^2}{L'_0(z) L''_1(z) - L'_1(z) L''_0(z)} \right)^{-1}. \tag{8.34}$$

このとき，$0 < \lambda^* < \infty$ が成り立つ．

3) $G(y,z,w) = \lambda^*(L(y,z) - L(y,w))$ と定める．このとき，任意の $y, z, w \in [0,1]$ に対して，$\partial^2 G(y,z,w)/\partial y^2 + (\partial G(y,z,w)/\partial y)^2 \geq 0$ が成り立つ．

例えば，エントロピー損失に対しては $\lambda^* = 1$，2乗損失に対しては $\lambda^* = 2$，ヘリンジャー損失に対しては $\lambda^* = \sqrt{2}$ である．

以下の定理はミニマックスリグレットの上限を与える．

定理 8 [64],[66]：仮定3に加え，損失関数 L，仮説空間 $\mathcal{F}_k$，パラメータ空間の事前確率密度関数 π に対してある正則条件の下で，次が成立する．

$$\mathcal{R}_n(\mathcal{F}_k) \leq \frac{k}{2\lambda^*} \ln n + O(1). \tag{8.35}$$

さらに，下記の定理はミニマックスリグレットの下限を与える．

定理 9 [65]：L がエントロピー損失または2乗損失の場合，次式が成立する．

$$\mathcal{R}_n(\mathcal{H}_k) \geq \left(\frac{k}{2\lambda^*} - o(1)\right) \ln n. \tag{8.36}$$

以上から，2乗損失を含むある損失関数のクラスに対しては，n が十分大きい場合には次式が成立することがわかる．

$$R_n(\mathcal{F}_k) = \frac{k}{2\lambda^*} \log n + O(1). \tag{8.37}$$

これは，確率的予測アルゴリズムに対するミニマックスリグレットが式 (8.19) のように $O(1)$ の項まで特定することができたのに比べると粗い評価である．

定理8は，ミニマックスリグレットの上限を実際に達成するアルゴリズムを構成することで証明できる．そのようなアルゴリズムは**集合型アルゴリズム (aggregating algorithm)** と呼ばれるものである [26],[64]．これは，確率的予測におけるベイズ予測アルゴリズムの統計的決定理論的枠組みへの自然な拡張に相当するものである．

また，そのような集合型アルゴリズムの累積予測損失の上限は拡張型確率的コンプレキシティそのもので抑えられることが知られている（[64] 参照）．すなわち，集合型アルゴリズムについては，π を Θ 上の事前確率密度関数，λ^* を式(8.34) で定まる数として，次式が成立する．

$$\sum_{t=1}^n L(y_t, \hat{y}_t) \leq ESC(D^n : \mathcal{F}_k)$$
$$= -\frac{1}{\lambda^*} \ln \int \pi(\theta) \exp\left(-\lambda^* \sum_{t=1}^n L(y_t, f_\theta(x_t))\right) d\theta$$
$$= \min_{\theta \in \Theta} \sum_{t=1}^n L(y_t, f_\theta(x_t)) + \frac{k}{2\lambda^*} \ln n + O(1).$$

以上から，拡張型確率的コンプレキシティはミニマックスリグレットを達成する逐次型予測アルゴリズムの累積予測損失と $O(1)$ の範囲で一致する．その意味で，拡張型確率的コンプレキシティは確率的コンプレキシティの統計的決定理論的な枠組みへの自然な拡張であると解釈できる．

前節で，確率的コンプレキシティは，確率モデル推定におけるモデル選択規準であると同時に，確率的予測におけるミニマックスリグレットを達成するアルゴリズムの累積予測損失であった．同様に，拡張型確率的コンプレキシティは，一般的な統計的決定理論の枠組みの中で，関数推定の規準であると同時に，逐次的予測問題のミニマックスリグレットを達成するアルゴリズムの累積予測損失でもある．以上の関係から，一般的な統計的決定理論の枠組みで学習を論じる際，その性能の限界を知る上で，拡張型確率的コンプレキシティは本質的な量であることがわかる．

8.6 動的モデル選択

通常の一括型学習では，与えられたデータ列 x^n に対して最良なモデル（パラメータ数 $\hat{k}$）を1つ選択していたが，真の分布のモデルは時間とともに変化することを前提にして，モデルの系列の推定値 $\hat{k}^n = \hat{k}_1, \cdots, \hat{k}_n$ を求めることを考える．これを**動的モデル選択 (Dynamic Model Selection; DMS)** と呼ぶ [68]．5.3.4 項では，動的モデル選択には逐次型動的モデル選択と一括型動

的モデル選択があることを見た．本節では一括型動的モデル選択について，さらに詳しく理論的評価を行う．

今，与えられた確率モデルのクラスを $\mathcal{P} = \bigcup_k \mathcal{P}_k$ とする．ここに，簡単のため，X は離散変数とし，$\mathcal{P}_k = \{P_k(X|\theta)\}$ は k 次元パラメトリックな確率モデルである．また，k に関しても遷移確率のクラスを導入する．簡単に，1 次のマルコフ連鎖のクラス：$\mathcal{T} = \{P(k|k':\alpha)\}$ ($0 \leq \alpha \leq 1$ は 1 次元パラメータ) を考える．K_{max} を k のとりうる最大数として，

$$P(k_0) = 1/K_{max}, \tag{8.38}$$

$$P(k_j|k_{j-1}:\alpha) = \begin{cases} 1-\alpha & \text{if } k_j = k_{j-1} \text{ and } k_{j-1} \neq 1, K_{max}, \\ 1-\alpha/2 & \text{if } k_j = k_{j-1} \text{ and } k_{j-1} = 1, K_{max}, \\ \alpha/2 & \text{if } k_j = k_{j-1} \pm 1. \end{cases}$$

このとき，MDL 規準を適用することによって，以下の量を最小化するモデル系列 k^n を選択する規準が得られる．これを**動的モデル選択規準 (Dynamic Model Selection criterion)** と呼ぶ [68]．

$$-\sum_{t=1}^n \log P_{k_t}(x_t|\hat{\theta}_{t-1}) - \sum_{t=1}^n \log P(k_t|k_{t-1}:\hat{\alpha}_{t-1}). \tag{8.39}$$

ここで，各 k に対して，$\hat{\theta}_{t-1}$ は x^{t-1} からの θ の推定値，$\hat{\alpha}_{t-1}$ は k^{t-1} からの α の推定値である．上式で，第 1 項はモデル系列が与えられたときのデータ列を逐次的に符号化する場合の符号長であり，第 2 項はモデル系列自身を逐次的に符号化する場合の符号長である．5.3.4 項では，上記規準に基づく動的モデル選択アルゴリズムとして，遷移確率を推定しつつモデル系列を Viterbi 型のダイナミックプログラミングの手法を用いて効率的に計算するアルゴリズムを示した（図 5.9 参照）．

以下に，このアルゴリズムの性能を総符号長と計算時間の立場から評価する．ここで，選ばれたモデル変化の時刻を「変化点」と呼ぶことにし，m を変化点の総数とし，$t_1, \cdots, t_m$ を変化点の系列とする ($t_0 = 1$, $t_{m+1} = n+1$)．また，$k_{t_j} = \cdots = k_{t_{j+1}-1} = k(j)$ ($j = 0, \cdots, m$) のように記す．

定理 10 [68]： 図 5.9 の一括型動的モデル選択アルゴリズムは，規準 (8.39) を

最小化する最適なモデル系列のパスを計算時間 $O(K_{max}n^2)$ で出力し，そのときの総符号長（DMS 規準の値）$\ell(x^n : \hat{k}^n)$ は以下の上界値をもつ．すなわち，各 n に対して，長さ n の各データ列 x^n に対して，

$$\ell(x^n : \hat{k}^n) \leq \min_m \left\{ \min_{(t_1,\cdots,t_m)} \min_{(k(0),\cdots,k(m))} \sum_{j=0}^m \sum_{t=t_j}^{t_{j+1}-1} -\log P(x_t \mid \hat{\theta}_{k(j)}^{(t-1)}) + f(n,m) \right\}. \tag{8.40}$$

ここに $f(n,m)$ は次式で与えられる．

$$f(n,m) = \log K_{max} + 2n + m - 2 + \log \frac{(n-1)!m!(n-m-1)!}{(2m)!(2n-2m-2)!}. \tag{8.41}$$

特に，n と m が十分大きいときは，$f(n,m)$ は漸近的に以下の式で与えられる．

$$f(n,m) = nH\left(\frac{m}{n}\right) + \frac{1}{2}\log n + \log K_{max} + m + o(\log n). \tag{8.42}$$

ここで $\lim_{n\to\infty} o(\log n)/\log n = 0$ である．

式 (8.40) の右辺の最初の項は，変化点の総数 m が与えられたときのデータ列を符号化するのに必要な最短符号長を示している．ここで最小値は m 個の変化点をもつ可能なモデル系列のすべてにわたるとする．式 (8.40) の右辺の第 2 項はモデル系列自身の最短符号長を示している．よって，(8.40) は，本アルゴリズムの出力に対して，その総符号長が，データ系列に対する最短符号長とモデル系列自体の符号長の和が変化点の個数とその位置に関して最小化された値を上界としてもつことを示している．さらに式 (8.42) はモデル系列の記述長が n と m が十分大きいときには $nH(m/n) + 1/2\log n + \log K_{max} + m + o(\log n)$ で与えられることを示している．式 (8.40) の総符号長は，一般に，逐次型動的モデル選択のそれよりも高い確率で小さくなる [68]．

証明 まず，式 (8.38) を式 (8.39) の $\alpha(N_{k,t})$ に代入すると以下を得る．

$$\ell(x^n : \hat{k}^n)$$
$$= \min_{(k_1,\cdots,k_n)} \left\{ \sum_{t=1}^{n} -\log P(x_t|\hat{\theta}_{k_t}^{(t-1)}) + \sum_{t=1}^{n} -\log \hat{P}_t(k_t|k_{t-1}) \right\}$$
$$= \min_{m} \left\{ \min_{(t_1,\cdots,t_m)} \min_{(k(0),\cdots,k(m))} \sum_{j=0}^{m} \sum_{t=t_j}^{t_{j+1}-1} -\log P(x_t \mid \hat{\theta}_{k(j)}^{(t-1)}) \right.$$
$$+ \log K_{max} - \sum_{j=0}^{m} \sum_{t=t_j}^{t_{j+1}-2} \log \left(1 - \frac{j+\frac{1}{2}}{t}\right)$$
$$\left. -\log \frac{\frac{1}{2}}{2(t_1-1)} - \cdots - \log \frac{m-1+\frac{1}{2}}{2(t_m-1)} \right\}. \tag{8.43}$$

そこで,$F(t_1,\cdots,t_m)$ を以下で定義する.

$$F(t_1,\cdots,t_m)$$
$$\overset{\text{def}}{=} \log K_{max} - \sum_{j=0}^{m} \sum_{t=t_j}^{t_{j+1}-2} \log \left(1 - \frac{j+\frac{1}{2}}{t}\right)$$
$$- \log \frac{\frac{1}{2}}{2(t_1-1)} - \cdots - \log \frac{m-1+\frac{1}{2}}{2(t_m-1)}. \tag{8.44}$$

このとき $F(t_1,\cdots,t_m)$ の最大値は $t_1=2, t_2=3, \cdots, t_m=m+1$ にて達成されるので,任意の $t_1,\cdots,t_m$ について以下が成り立つことがわかる.

$$F(t_1,\cdots,t_m)$$
$$\leq \log K_{max} - \sum_{t=m+1}^{n-1} \log \left(1 - \frac{m+\frac{1}{2}}{t}\right)$$
$$- \log \frac{\frac{1}{2}}{2\cdot(2-1)} - \cdots - \log \frac{m-1+\frac{1}{2}}{2m}$$
$$= \log K_{max} + 2n + m - 2 + \log \frac{(n-1)!m!(n-m-1)!}{(2m)!(2n-2m-2)!}. \tag{8.45}$$

(8.43) と (8.45) を組み合わせることで以下が成立する.

$$\ell(x^n : k^n)$$
$$= \min_{m} \left\{ \min_{(t_1,\ldots,t_m)} \min_{(k(0),\ldots,k(m))} \sum_{j=0}^{m} \sum_{t=t_j}^{t_{j+1}-1} -\log P(x_t \mid \hat{\theta}_{k(j)}^{(t-1)}) \right.$$

$$+ F(t_1,\ldots,t_m)\bigg\}$$
$$\le \min_m \bigg\{ \min_{(t_1,\ldots,t_m)} \min_{(k(0),\ldots,k(m))} \sum_{j=0}^{m} \sum_{t=t_j}^{t_{j+1}-1} -\log P(x_t \mid \hat{\theta}_{k(j)}^{(t-1)})$$
$$+ \log K_{max} + 2n + m - 2$$
$$+ \log \frac{(n-1)!m!(n-m-1)!}{(2m)!(2n-2m-2)!} \bigg\}.$$

さらに，式 (8.41) の $f(n,m)$ はスターリングの公式：

$$\log x! \sim x\log x - x\log e + 1/2 \log x$$

を用いることで，n と m が十分大きいときに以下が成り立つことがわかる．

$$\begin{aligned}&f(n,m)\\&= (n-1)\log(n-1) - (n-m-1)\log(n-m-1)\\&\quad - m\log m + \frac{1}{2}\log(n-1) + \log K_{max} + m + o(\log n)\\&= nH\left(\frac{m}{n}\right) + \frac{1}{2}\log n + \log\left(1-\frac{m}{n}\right) + \log K_{max} + m + o(\log n)\\&= nH\left(\frac{m}{n}\right) + \frac{1}{2}\log n + \log K_{max} + m + o(\log n).\end{aligned}$$

最適なパスは各時刻で各 k において，$3(t-1)$ 個の候補を探索して計算するので，計算時間は $O(K_{max}n^2)$ だけ要する． □

8.7 対象化モデル変動ベクトルの分解

本節では，7.3 節に登場した対象化モデル変動ベクトルに関する分解定理の証明を与える．本定理を再掲する．

定理 11 [21]：7.3 節の仮定 1 と 2 の下で，対称化モデル変動は以下のように分解できる．

$$\lim_{T\to\infty}\frac{1}{T}\{D^{(T)}(P_{t-1}||P_t) + D^{(T)}(P_t||P_{t-1})\} = \sum_{i=1}^{K}\Big((\alpha_t)_i + (\beta_t)_i\Big).$$
(8.46)

上の定理は以下の 2 つの補題を用いて証明できる．

補題 1： 仮定 1 と 2 の下で，対称化モデル変動ベクトルは $(s_t)_i$ の和に分解できる．

$$\lim_{T\to\infty}\frac{1}{T}\{D^{(T)}(P_{t-1}||P_t) + D^{(T)}(P_t||P_{t-1})\}$$
$$= \lim_{T\to\infty}\frac{1}{T}\sum_{i=1}^{K}\{D(P_{i,t-1}||P_{i,t}) + D(P_{i,t}||P_{i,t-1})\} \quad (8.47)$$
$$= \sum_{i=1}^{K}(s_t)_i. \quad (8.48)$$

補題 1 は対称化モデル変動がベクトル s_t の 1-ノルムに一致することを示しており，各 $(s_t)_i$ は行動パタンの各モデルの変動の度合い（混合分布の各成分の変動の度合い）を表している．よって，第 1 の潜在変数の異常はベクトル $s_t = ((s_t)_1, \cdots, (s_t)_K)$ の急激な変化を検出することによって検知することができることがわかる．

証明 まず，$D^{(T)}(P_{i,t-1}(z^T)||P_{i,t}(z^T))$ の漸近的な形を以下のように計算する．（以下の展開では，表記上，クラスタのインデックス i と時間のインデックス $t-1$ を省略し，時間のインデックス t の代わりに ''' で表す．z^T は z と略記する．）

$$\lim_{T\to\infty}\frac{1}{T}D^{(T)}(P_{i,t-1}||P_{i,t})$$
$$= \lim_{T\to\infty}\frac{1}{T}\sum_{x,y}\gamma(x_1)b(y_1|x_1)\bigg(\prod_{j=2}^{T}a(x_j|x_{j-1})b(y_j|x_j)\bigg)$$

$$\times \log\left[\frac{\gamma(x_1)b(y_1|x_1)\prod_{j=2}^T a(x_j|x_{j-1})b(y_j|x_j)}{\gamma'(x_1)b'(y_1|x_1)\prod_{j=2}^T a'(x_j|x_{j-1})b'(y_j|x_j)}\right]$$

$$= \lim_{T\to\infty}\frac{1}{T}\sum_{j=2}^T\Bigg\{\sum_{x_j,y_j,x_{j-1}} r(x_{j-1})a(x_j|x_{j-1})b(y_j|x_j)\log\frac{b(y_j|x_j)}{b'(y_j|x_j)}$$

$$+ \sum_{x_j,x_{j-1}} r(x_{j-1})a(x_j|x_{j-1})\log\frac{a(x_j|x_{j-1})}{a'(x_j|x_{j-1})}\Bigg\}$$

$$= \sum_x r(x)\Bigg\{\sum_y b(y|x)\log\frac{b(y|x)}{b'(y|x)} + \sum_{x'} a(x'|x)\log\frac{a(x'|x)}{a'(x'|x)}\Bigg\}$$

$$= \sum_x r(x)\Bigg\{D(b(\cdot|x)||b'(\cdot|x)) + D(a(\cdot|x)||a'(\cdot|x))\Bigg\}. \tag{8.49}$$

ここで，$r_{i,t}(x)$ は行列 $a_{i,t}$ の固有値 1 に対応する固有ベクトルである（式 (7.7) 参照）．式 (8.49) の導出においては，$\log[\prod_j a_j/a'_j] = \sum_j \log[a_j/a'_j]$ かつ $A = (a(x_i|x_j))$ として，$\lim_{n\to\infty} A^n\gamma = r$（仮定 1 の定常状態の存在性）を用いた．

さらに，$\Delta(P_{i,t-1}||P_{i,t})$ を以下で定める．

$$\Delta(P_{i,t-1}||P_{i,t}) \tag{8.50}$$
$$\stackrel{\text{def}}{=} \sum_x r_{i,t-1}(x)\Bigg\{D(a_{i,t-1}(\cdot|x)||a_{i,t}(\cdot|x)) + D(b_{i,t-1}(\cdot|x)||b_{i,t}(\cdot|x))\Bigg\}.$$

このとき，$D(P_{t-1}||P_t)$ の漸近的な値は以下のように与えられる．

$$\lim_{T\to\infty}\frac{1}{T}D^{(T)}(P_{t-1}||P_t)$$

$$= \lim_{T\to\infty}\frac{1}{T}\sum_{i=1}^K\sum_{\boldsymbol{z}}\pi_{i,t-1}P_{i,t-1}(\boldsymbol{z})\log\frac{\sum_j \pi_{j,t-1}P_{j,t-1}(\boldsymbol{z})}{\sum_k \pi_{k,t}P_{k,t}(\boldsymbol{z})}$$

$$= \lim_{T\to\infty}\frac{1}{T}\sum_{i=1}^K\sum_{\boldsymbol{z}}\pi_{i,t-1}P_{i,t-1}(\boldsymbol{z})\Bigg\{\log\frac{\pi_{i,t-1}}{\pi_{i,t}} + \log\frac{P_{i,t-1}(\boldsymbol{z})}{P_{i,t}(\boldsymbol{z})} - \log\frac{P_{t-1}(i|\boldsymbol{z})}{P_t(i|\boldsymbol{z})}\Bigg\}$$

$$= \lim_{T\to\infty}\frac{1}{T}\sum_{i=1}^K\pi_{i,t-1}\Bigg\{\log\frac{\pi_{i,t-1}}{\pi_{i,t}} + \sum_{\boldsymbol{z}}P_{i,t-1}(\boldsymbol{z})\log\frac{P_{i,t-1}(\boldsymbol{z})}{P_{i,t}(\boldsymbol{z})}\Bigg\} \tag{8.51}$$

$$= \lim_{T\to\infty}\frac{1}{T}\sum_{i=1}^K\pi_{i,t-1}D(P_{i,t-1}||P_{i,t}) \tag{8.52}$$

$$= \sum_{i=1}^{K} \pi_{i,t-1}\Delta(P_{i,t-1}||P_{i,t}). \tag{8.53}$$

ここで,式 (8.51) の導出において,7.3 節の仮定 2 を用いた.また,式 (8.52) の導出のために, $\lim_{T\to\infty} D(\pi_{i,t-1}||\pi_{i,t}) = 0$ である事実を用いた.また,式 (8.53) の導出のために式 (8.49) および (8.50) を用いた.

一方,$(\boldsymbol{s}_t)_i$ は,その定義から,以下のようにかき直すことができる.

$$(\boldsymbol{s}_t)_i = \pi_{i,t-1}\Delta(P_{i,t-1}||P_{i,t}) + \pi_{i,t}\Delta(P_{i,t}||P_{i,t-1}). \tag{8.54}$$

そこで,式 (8.49)〜(8.54) をまとめると,対称化モデル変動 $D^{(T)}(P_{t-1}||P_t) + D^{(T)}(P_t||P_{t-1})$ について以下のような漸近的な表示が与えられる.

$$\lim_{T\to\infty} \frac{1}{T}\{D^{(T)}(P_{t-1}||P_t) + D^{(T)}(P_t||P_{t-1})\}$$
$$= \lim_{T\to\infty} \sum_i \frac{1}{T}\{D^{(T)}(P_{i,t-1}||P_{i,t}) + D^{(T)}(P_{i,t}||P_{i,t-1})\} \tag{8.55}$$
$$= \sum_i \{\pi_{i,t-1}\Delta(P_{i,t-1}||P_{i,t}) + \pi_{i,t}\Delta(P_{i,t}||P_{i,t-1})\} \tag{8.56}$$
$$= \sum_i (\boldsymbol{s}_t)_i. \tag{8.57}$$

式 (8.55), (8.56) および (8.57) はそれぞれ式 (8.52), (8.53) および (8.54) によって導出された.

式 (8.55) および (8.57) から補題 1 が成立する. □

また,次の補題は $\boldsymbol{s}_t, (\boldsymbol{s}_t)_i$ の各成分が,$(\alpha_t)_i$ と $(\beta_t)_i$ の和に分解できることを示している.

補題 2: 仮定 1 の下でベクトル $\boldsymbol{s}_t$ は α_t と β_t の和に分解できる.

$$(\boldsymbol{s}_t)_i = (\alpha_t)_i + (\beta_t)_i \ (i = 1, \cdots, K). \tag{8.58}$$

補題 1 と 2 は,対称化モデル変動 $\frac{1}{T}\{D(P_{t-1}||P_t) + D(P_t||P_{t-1})\}$ がさらに 2 つのパートに分解できることを示している.1 つは,$r_{i,t}$, $\pi_{i,t}$ および

$D(a_{i,t-1}(\cdot|x)||a_{i,t}(\cdot|x))$ から構成されるモデル変動であり，潜在状態遷移のパタンがどれくらい大きく変化したかを示している．もう1つは，$r_{i,t}$, $\pi_{i,t}$ および $D(b_{i,t-1}(\cdot|x)||b_{i,t}(\cdot|x))$ から構成されるモデル変動であり，潜在状態からシンボルが生成されるパタンがどれくらい大きく変化したかを示している．前者の量は $\sum_i (\alpha_t)_i$ に一致し，後者の量は $\sum_i (\beta_t)_i$ に一致する．したがって，α, β の急激な変化を検知することによって，第2の変数の引き起こす異常を検出することができる．

証明 式 (8.50) を (8.56) に代入すると，s は以下のように，α と β の和に分解できる．

$$\sum_i (s_t)_i = \sum_i \{\pi_{i,t-1}\Delta(P_{i,t-1}||P_{i,t}) + \pi_{i,t}\Delta(P_{i,t}||P_{i,t-1})\} \quad (8.59)$$

$$= \sum_{i,x} \Big\{ \pi_{i,t-1} r_{i,t-1}(x) D(a_{i,t-1}(\cdot|x)||a_{i,t}(\cdot|x))$$
$$\qquad + \pi_{i,t} r_{i,t}(x) D(a_{i,t}(\cdot|x)||a_{i,t-1}(\cdot|x)) \Big\}$$
$$+ \sum_{i,x} \Big\{ \pi_{i,t-1} r_{i,t-1}(x) D(b_{i,t-1}(\cdot|x)||b_{i,t}(\cdot|x))$$
$$\qquad + \pi_{i,t} r_{i,t}(x) D(b_{i,t}(\cdot|x)||b_{i,t-1}(\cdot|x)) \Big\} \quad (8.60)$$

$$= \sum_i (\alpha_t)_i + \sum_i (\beta_t)_i. \quad (8.61)$$

式 (8.59) は (8.56) および (8.57) より導出される．また，式 (8.60) および (8.61) は α_t と β_t の定義式 ((7.4) および (7.5)) より導出できる．

式 (8.57) と (8.61) から補題 2 が成立する． □

第9章

おわりに

9.1 今後の発展：ネットワーク異常検知

　本書で扱った異常検知技術については，いずれも入力はスカラー系列またはベクトル系列であった．多くの現実的な問題はこのような設定で解決することができる．しかしながら，近年ではグラフ時系列を対象にした異常検知のニーズが増えている．

　グラフ時系列とは，行列型の時系列と考えてよい．これはネットワーク型の情報源の構造を表すのに適している．例えば，行列の第 (i,j) 成分は，第 i ノードと第 j ノードの間の数的関係を示しているとする．

　このような行列型の時系列を入力として，異常検知を行うことは，ネットワークの大域的な構造の変化を検出したり，その中での局所的な異常箇所を特定したりといった，複雑な大規模ネットワークの解析につながる．そこで，これを**ネットワーク異常検知 (network-type anomaly detection)** と呼ぶことにしよう．本問題は，ソーシャルネットワークの中でのコミュニティ構造の変化検知や，物理的ネットワークにおける障害検知など広い分野に適用できる可能性をもっている．筆者は，異常検知の分野の今後の大きなトレンドの1つに成長するに違いないと見ている．

　ネットワーク異常検知においては，入力の行列サイズが大きくなると，たちまち計算量が膨大になることが最大のネックである．よって，本書で紹介した様々な方法を自明に行列空間上に展開するだけでは工学的な問題が生じてしまう．その点を上手く解決しているのが，Ide and Kashima [22] の手法である．

本節では，本手法を文献 [22] に従って簡単に紹介することで締めくくろう．

$D_1, D_2, \cdots, D_t, \cdots$ が行列型の入力時系列であるとする．ここで，N を与えられた数として，各 D_t は $N \times N$ 行列とする．入力 D_t に対して，その第 1 固有ベクトル（最大固有値に対応する固有ベクトル）でノルムが 1 になるように規格化したものを $\boldsymbol{u}_t$ とし ($\boldsymbol{u}_t^T \boldsymbol{u} = 1$)，これを D_t の**特徴ベクトル (feature vector)** と呼ぶ．

また，ウインドウ W を設定して，行列

$$U(t) = [\boldsymbol{u}_t, \cdots, \boldsymbol{u}_{t-W+1}]$$

を定める．これは時刻 t から過去 W にさかのぼって，特徴ベクトルを羅列することによって，過去のネットワークの時系列様相を圧縮したものであると考えてよい．一種の学習結果である．さらに $U(t)$ の第 1 固有ベクトルでノルムを 1 に規格化したものを $\boldsymbol{r}_t$ して，時刻 t における**異常度スコア (anomaly score)** を次式で定める．

$$z_t = 1 - \boldsymbol{r}_t^T \boldsymbol{u}_t.$$

そこで，得られる異常スコア系列 $z_1, z_2, \cdots$ の変化点検出を行うことによりネットワークの大域的異常を検出しよう，というのが文献 [22] の方法の骨子である．

最後の変化点検出においては，第 4 章で示した方法を用いることもできるが，[22] では，z の分布として σ, ν をパラメータとする，

$$q(z) = \frac{1}{(2\sigma)^{(\nu-1)/2}\Gamma((\nu-1)/2)} \exp\left(\frac{z}{2\sigma}\right) z^{\frac{\nu-1}{2}-1} \tag{9.1}$$

のような形のものを考え，これに基づいて変化点検出を行う方法を提案している．そこでは，σ, ν をモーメント法で学習することにより，$0 < \theta < 1$ を指定して，

$$\int_{z^*}^{\infty} q(z) dz = \theta$$

なる z^* を求め，時刻 t において，$z_t > z^*$ ならばアラームを上げる，といった方法を展開している．

9.1 今後の発展：ネットワーク異常検知

ここで，モーメント法とは，確率変数のモーメント関数とパラメータの関係を利用する方法である．式 (9.1) に従う確率変数に対しては，1 次と 2 次のモーメントに関してはパラメータと以下の関係があることに注目する．

$$E[z] = (\nu - 1)\sigma, \quad E[z^2] = (\nu^2 - 1)\sigma^2.$$

これにより，ν と σ について解くと，

$$\nu = \frac{E[z]^2 + E[z^2]}{E[z^2] - E[z]^2}, \quad \sigma = \frac{E[z^2] - E[z]^2}{2E[z]} \tag{9.2}$$

であるから，各時刻 t のモーメント $E[z]^{(t)}, E[z^2]^{(t)}$ については，$0 < r < 1$ を忘却パラメータとして

$$E[z]^{(t)} := (1-r)E[z]^{(t-1)} + rz(t),$$
$$E[z^2]^{(t)} := (1-r)E[z^2]^{(t-1)} + rz^2(t)$$

により，忘却型に更新していき，得られたモーメントを式 (9.2) に代入することで，各時刻のパラメータ値を更新することができる．

上記の方法では，まともに行列空間の中で確率モデルを学習することを避けて，一度，現在の入力と過去データをともに最大固有ベクトの形で圧縮してから，本当に学習しなければならない対象の次元を 1 次元まで大幅に削減しているところがポイントである．

行列のもつ本質的な特徴を残しながら最大限に圧縮する方法は，他にも様々な方法が考えられるだろう．例えば，Hirose, Yamanishi, Nakata and Fujimaki は，文献 [21] において，最大固有ベクトルの代わりに，固有値を降順に並べて得られるベクトルの変化点検出を行うことを提案している．

計算効率化を実現しながら，いかに行列というリッチな情報を最大限に活用するかといったバランスにおいて最大の効果を上げる方法が，今後盛んに研究されていくものと予想される．

9.2 現実の問題に向かうために

本書で紹介したデータマイニングによる異常検知手法は，いずれも入力データが決まって初めて適用できるものである．しかし，現実問題では，異常検知にとっての入力データとして何を選んだらよいのかが，異常検知に先立って重要である．異常検知のエンジンが効果的な結果を出すように，その入力を選別し，加工することを**前処理 (pre-processing)** と呼ぶ．

例えば，第3章で紹介した外れ値検出では，元の多次元データの中からどのような属性を対象にするか，といった情報を選ぶことが前処理にあたる．第4章で紹介した変化点検出では，元のデータから統計量を抽出し，入力時系列データを構成するところが前処理にあたる．第5章で紹介した異常行動検出では，元のシンボル系列をセッション系列に変換するところが前処理にあたる．

一方で，異常検知には，異常データをフィルタリングしたり，可視化したりといった**後処理 (post-processing)** もまた重要である．これは，異常検出の精度を高めたり，検出された異常の意味を解釈するのを助けることを目的としている．

同じデータが用意され，同じ異常検知アルゴリズムを用意したところで，上述の前処理や後処理いかんで，有効な結果が生まれたり生まれなかったりする（図9.1）．それだけ前処理・後処理はデータマイニングにおいて本質的である．しかし，残念ながら，一般的な前処理・後処理の方法論は存在しない．それは応用領域固有の性質や分析の目的に深く依存するからである．有効な前処理・後処理はデータマイニングの専門家と応用領域に精通したエキスパートが議論するか，あるいはデータマイニングの専門家自身が領域に精通することでしか生まれないノウハウなのである．しかし，そういったノウハウを築きながら現実問題に踏み込んでいくことは実にエキサイティングである．本書を読まれてきた読者は，本書の方法論をベースに現実のデータに向き合い，その面白さを味わってほしいと思う．

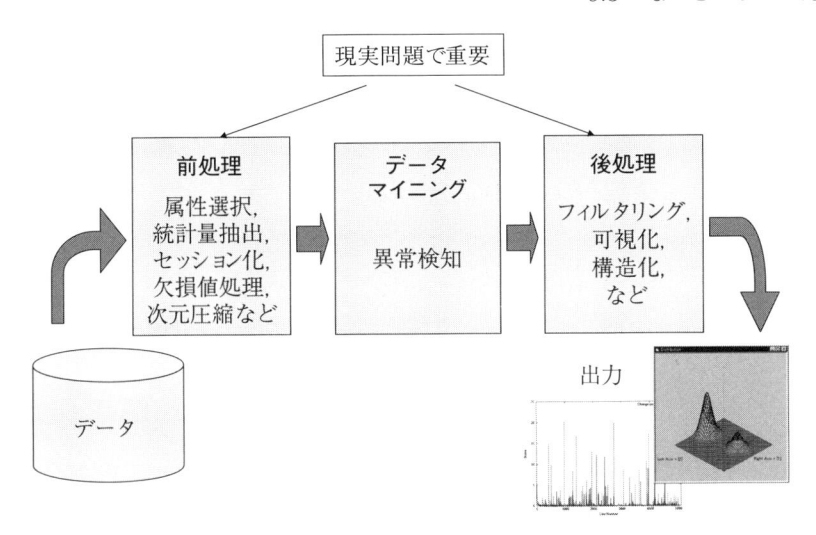

図 9.1　前処理と後処理

9.3　まとめ

　本書は，統計的異常検知の方法論を体系的に示してきた．ウイルス検知，障害検出，不正検出，なりすまし検出，などの異常検知の現実問題は，機械学習の先端的理論と密接に関連していることを見てきた．

　特に，基礎理論としては，「確率モデルの学習」に対する情報理論的アプローチである「情報論的学習理論」を中核に据え，その根源的な考え方が異常検知の本質に結びついていることを示してきた．情報論的学習理論の各要素技術と，異常検出技術のつながりを模式的に示したのが図 9.2 である．

　このように，異常検知問題は機械学習の豊かな実験場であるといえるであろう．異常検知は実用的に極めて高いニーズがありながらも機械学習の深い部分が貢献できる格好の題材なのである．

　本書はその一片を垣間見たにすぎない．本書を手にとった読者が，これをヒントに理論と応用の接点に深い関心をもち，より面白く，より役に立つ理論やニーズを自ら開拓したいという気持ちを少しでも抱いてくれれば，筆者としてはそれに勝る喜びはない．

第 9 章 おわりに

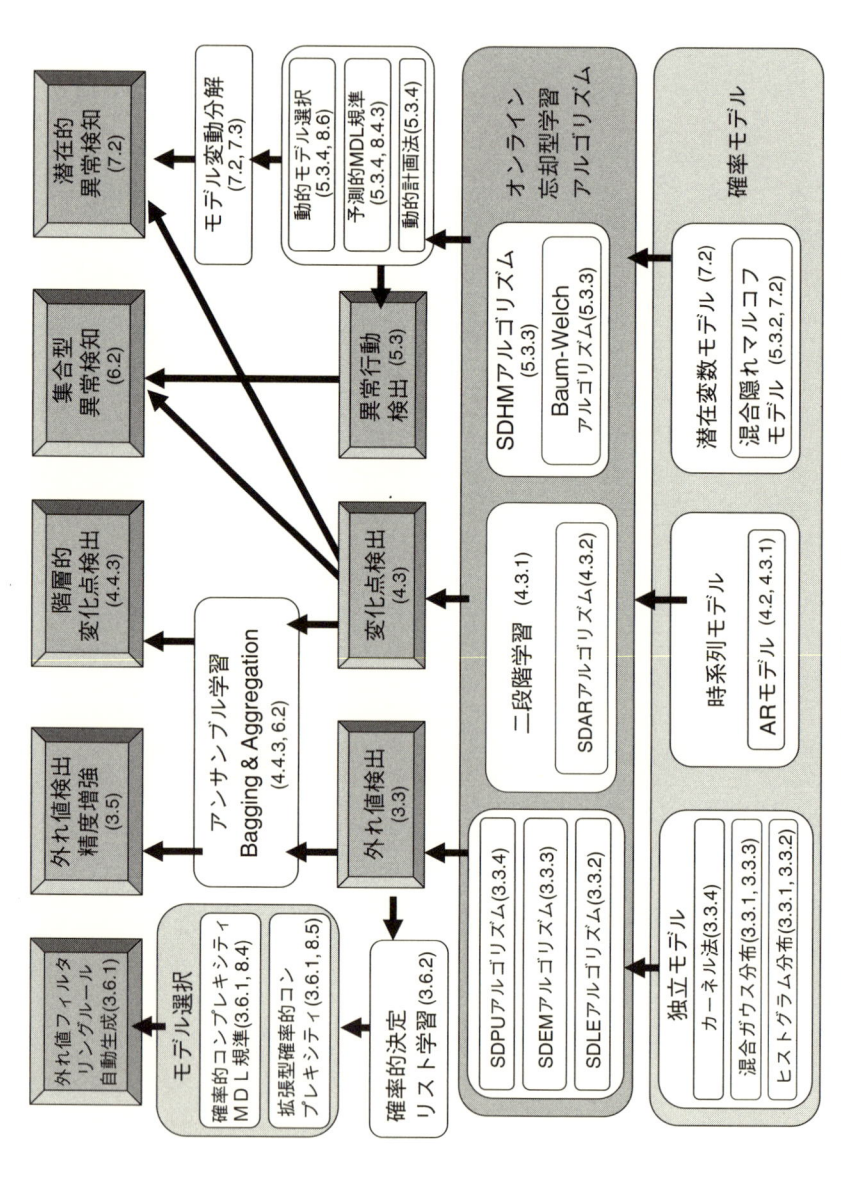

図 9.2 異常検知と情報論的学習理論：括弧の中は該当の節や項の番号を表す

```
[潜在的異常検知 (7.2)]
  ↑
[モデル変動分解 (7.2, 7.3)]
  ├─ 動的モデル選択 (5.3.4, 8.6)
  ├─ 予測的MDL規準 (5.3.4, 8.4.3)
  └─ 動的計画法 (5.3.4)
  ↑
[異常行動検出 (5.3)] ← [オンライン忘却型学習アルゴリズム]
                        ├─ SDHMアルゴリズム (5.3.3)
                        │   └─ Baum-Welchアルゴリズム (5.3.3)

[集合型異常検知 (6.2)]
  ↑
[変化点検知 (4.3)] ← [二段階学習 (4.3.1)]
                      └─ SDARアルゴリズム (4.3.2)
  ↓
[階層的変化点検出 (4.4.3)]
  ↑
[アンサンブル学習 Bagging & Aggregation (4.4.3, 6.2)]
  ↑
[外れ値検出精度増強 (3.5)]
  ↑
[外れ値検出 (3.3)] ← [時系列モデル]
                      └─ ARモデル (4.2, 4.3.1)
  ↓
[確率的決定リスト学習 (3.6.2)] ← [独立モデル]
                                  ├─ カーネル法 (3.3.4)
                                  ├─ 混合ガウス分布 (3.3.1, 3.3.3)
                                  └─ ヒストグラム分布 (3.3.1, 3.3.2)

[確率モデル]
  ├─ 潜在変数モデル (7.2)
  └─ 混合隠れマルコフモデル (5.3.2, 7.2)

SDPUアルゴリズム (3.3.4)
SDEMアルゴリズム (3.3.3)
SDLEアルゴリズム (3.3.2)

[モデル選択]
  ├─ 確率的コンプレキシティ MDL規準 (3.6.1, 8.4)
  └─ 拡張確率的コンプレキシティ (3.6.1, 8.5)

[外れ値フィルタリンクルール自動生成 (3.6.1)]
```

参考文献

[1] R. Agrawal and R. Srikant. Mining sequential patterns. In *Proceedings of the Eleventh International Conference on Data Engineering (ICDE95)*, pp.3-14, 1995.

[2] V. Barnett and T. Lewis. *Outliers in Statistical Data*. John Wiley, 1994.

[3] A. R. Barron. Complexity regularization with application to artificial neural networks. In *Nonparametric Functional Estimation and Related Topics*, G.Roussas (ed.), Kluwer Academic Publishers, pp.561-576, 1991.

[4] A. R. Barron and T. Cover. Minimum complexity density estimation. *IEEE Transaction on Information Theory*, IT-37:1034-1054, 1991.

[5] L. E. Baum, T. Petrie, G. Soules, and N. Weiss. A maximization technique occurring in the statistical analysis of probabilistic functions of Markov chains. *The Annals of Statistics*, 41(1):164-171, 1970.

[6] F. Bonchi, F. Giannotti, G. Mainetto, and D. Pedeschi: A classification-based methodology for planning audit strategies in fraud detection. In *Proceedings of the Fifth ACM SIGKDD International Conference on Knowledge Discovery and Data Mining (KDD99)*, ACM Press, pp.175-184, 1999.

[7] M. Breuning, H. Kriegel, R. T. Ng, and J. Sander. LOF: Idenetifying density-based local outliers. In *Proceedings of the ACM SIGMOD International Conference on Management of Data*, 2000.

[8] P. Burge and J. Shawe-Taylor. Detecting cellular fraud using adaptive prototypes. In *Proceedings of AI Approaches to Fraud Detection and Risk Management*, pp.9-13, 1997.

参考文献

[9] L. Burns, J. L. Hellerstein, S. Ma, C. S. Perng, D. A. Rabenhorst, and D. Taylor. A systematic approach to discovering correlation rules for event management. In *Proceedings of IEEE/IFIP International Sysmposium on Integrated Network Management*, 2001.

[10] P. Chan and S. Stolfo. Toward scalable learning with non-uniform class and cost-distributions: A case study in credit card fraud detection. In *Proceedings of the Fourth International Conference on Knowledge Discovery and Data Mining (KDD98)*, AAAI Press, pp.164-168, 1998.

[11] B. S. Clarke and A. R. Barron. Jeffreys' prior is asymptotically least favorable under entropy risk. *J. Statistical Planning and Inference*, 41:37-60, 1994.

[12] T. M. Cover and J. A. Thomas. *Elements of Information Theory*, Wiley-Interscience, 1991.

[13] A. P. Dempster, N. M. Laird, and D. B. Ribin. Maximum likelihood from incomplete data via the EM algorithm. *Jr. Royal Statist. Soc.*, B, 39(1) :1-38, 1977.

[14] L. Ertoz, E. Eilertson, A. Lazarevic, P. Tan, J. Srivastava, V. Kumar, and P. Dokas. The MINDS - Minnesota Intrusion Detection System. *Next Generation Data Mining* (Chapter 3), MIT Press, 2004.

[15] T. Fawcett and F. Provost. Activity monitoring: noticing interesting changes in behavior. In *Proceedings of the Fifth ACM SIGKDD International Conference on Knowledge Discovery and Data Mining (KDD99)*, ACM Press, pp.53-62, 1999.

[16] I. Grabec. Self-organization of neurons described by the maximum-entropy principle. *Biological Cybernetics*, 63:403-409, 1990.

[17] V. Guralnik and J. Srivastava. Event detection from time series data. In *Proceedings of the Fifth ACM SIGKDD International Conference on Knowledge Discovery and Data Mining (KDD99)*, ACM Press, pp.32-42, 1999.

[18] S. E. Hansen and E. T. Atkins. Automated system monitoring and notification with swatch. In *Proceedings of USENIX Seventh System Administration Conference (LISA93)*, 1993.

[19] D. M. Hawkins. *Identification of Outliers*. Chapman and Hall, 1980.

[20] S. Hirose and K. Yamanishi. Latent variable mining with its applications to abnormal behavior detection. In *Proceedings of 2008 SIAM Conference on Data Mining (SDM08)*, 2008. The full version of this paper appeared in *Statistical Analysis and Data Mining*, 2(1): 70-86, 2009.

[21] S. Hirose, K. Yamanishi, T. Nakata and R. Fujimaki. Network anomaly

detection based on eigen equation compression. In *Proceedings of the 15th ACM Conferenec on Knowledge Discovery and Data Mining (KDD09)*, ACM Press, 2009.

[22] T. Ide and H. Kashima. Eigenspace-based anomaly detection in computer systems. In *Proceedings of the Tenth ACM SIGKDD International Conference on Knowledge Discovery and Data Mining (KDD04)*, ACM Press, 2004.

[23] T. Ide and K. Inoue. Knowledge discovery from heterogeneous dynamic systems using change-point correlations. In *Proceedings of SIAM International Conference on Data Mining (SDM05)*, pp.571-575, 2005.

[24] G. Jakobson and M. D. Weissman. Alarm correlation. *IEEE Networks*, 37:52-59, 1993.

[25] K. Julisch and M. Dacier. Mining intrusion detection alarms for actionable knowledge. In *Proceedings of the Eighth ACM SIGKDD International Conference on Knowledge Discovery and Data Mining (KDD02)*, ACM Press, 2002.

[26] J. Kivinen and M. Warmuth. Using experts for predicting continuous outcomes. In *Computational Learning Theory: EuroCOLT'93*, Oxford, pp.109-120, 1994.

[27] M. Klemettinen, H. Mannila and H. Toivonen. Rule discovery in telecommunication alarm data. *Journal of Network and Systems Management*, 7(4):395-423, 1999.

[28] E. M. Knorr and R. T. Ng. Algorithms for mining distance-based outliers in large datasets. In *Proceedings of the 24th Very Large Data Base Conference (VLDB 98)*, pp.392-403, 1998.

[29] E. M. Knorr and R. T. Ng. Finding intensional knowledge of distance-based outliers. In *Proceedings of the 25th Very Large Data Base Conference (VLDB99)*, pp.211-222, 1999.

[30] R. E. Krichevsky and V. K. Trofimov. The performance of universal encoding. *IEEE Transaction on Information Theory*, 27:199-207, 1981.

[31] B. Krishnamurthy, S. Sen, and Y. Zhang. Sketch-based change detection: Methods, evaluation, and applications. In *Proceedings of Internet Measurement Conference*, 2003.

[32] C. Kruegel and G. Vigna. Anomaly detection of web-based attacks. In *Proceedings of ACM Conference on Computer and Communication Security (CCS03)*, 2003.

[33] A. Lazarevic, L. Ertoz, A. Ozgur, J. Srivastava, and V. Kumar. A comparative study of anomaly detection schemes in network intrusion de-

tection. In *Proceedings of the Third SIAM Conference on Data Mining (SDM03)*, 2003.

[34] A. Lazarevic and V. Kumar. Feature bagging for outlier detection. In *Proceedings of the Eleventh ACM SIGKDD International Conference on Data Mining and Knowledge Discovery (KDD05)*, ACM Press, 2005.

[35] W. Lee, S. J. Stolfo, and K. W. Mok. Mining audit data to build intrusion detection models. In *Proceedings of the Fourth International Conference on Knowledge Discovery and Data Mining (KDD98)*, AAAI Press, 1998.

[36] H. Li and K. Yamanishi. Text classification using ESC-based stochastic decision lists. *Infortmation Processing & Management*, Elsevier, 38(3):343-361, 2002.

[37] W. Lee, S. Stolfo, and K. Mok. A data mining framework for building intrusion detection models. In *Proceedings of IEEE Symposium on Security and Privacy*, 1999.

[38] R. Lippmann et al. The 1999 DARPA off-line intrusion detection evaluation. *Computer Networks*, 34(4):579-595, 2000.

[39] C. Lonvick. The BSD syslog protocol, RFC, 3164, 2001.

[40] M. V. Mahoney and P. K. Chan. Learning nonstationary models of normal network traffic for detecting novel attacks. In *Proceedings of the Ninth ACM SIGKDD International Conference on Data Mining and Knowledge Discovery (KDD02)*, ACM Press, 2002.

[41] H. Mannila, H. Toivonen, and A. I. Vernamo. Discovery of frequent episodes in event sequences. *Data Mining and Knowledge Discovery*, 1:259-289, 1997.

[42] Y. Maruyama and K. Yamanishi. Dynamic model selection with its applications to computer security. In *Proceedings of The IEEE Information Theory Workshop 2004 (ITW04)*, 2004.

[43] R. A. Maxion and T. N. Townsend. Masquerade detection using truncated command lines. In *Proceedings of International Conference on Dependable Systems and Networks*, pp.219-228, 2002.

[44] G. McLachlan and D. Peel. *Finite Mixture Models*. Wiley Series in Probability and Statistics, John Wiley, 2000.

[45] R. M. Neal and G. E. Hinton. A view of the EM algorithm that justifies incremental, sparse, and other variants. In *Learning in Graphical Models*, M. Jordan (ed.), MIT Press, pp.355-368, 1999.

[46] S. K. Ng and G. J. McLachlan. On the choice of the number of blocks with the incremental EM algorithm for the fitting of normal mixtures. *Statistics & Computing*, 2002. (available at

http://www.maths.uq.edu.au/ gim/increm.ps)
- [47] C.-S. Perng, D. Thoenen, G. Grabarnik, S. Ma, and J. Hellerstein. Data-driven validation, completion and construction of event relationship networks. In *Proceedings of the Ninth ACM SIGKDD International Conference on Knowledge Discovery and Data Mining (KDD03)*, ACM Press, pp.729-734, 2003.
- [48] J. Rissanen. Universal coding, information, prediction, and estimation. *IEEE Transaction on Information Theory*, 30:629-636, 1984.
- [49] J. Rissanen. *Stochastic Complexity in Statistical Inquiry*, World Scientific, 1989.
- [50] J. Rissanen. Fisher information and stochastic complexity. *IEEE Transaction on Information Theory*, 42(1) pp.40-47, 1996.
- [51] R. L. Rivest. Learning decision lists. *Machine Learning*, 2:229-246, 1987.
- [52] D. M. Rocke. Robustness properties of S-estimators of multivariate location and shape in high dimension. *the Annals of Statistics*, 24(3):1327-1345, 1996.
- [53] M. Schonlau, W. DuMouchel, W.-H. Ju, A. F. Karr, M. Theus, and Y. Vardi. Computer intrusion: Detecting masquerades. *Statistical Science*, 16(1):58-74, 2001.
- [54] Y. M. Shtarkov. Universal sequential coding of single messages. *Problems of Information Transmission*, 23(3):3-17, 1987.
- [55] P. Smyth. Markov monitoring with unknown states. *IEEE Journal on Selected Areas in Communications (JSAC), Special Issue on Intelligent Signal Processing for Communications*, 1994.
- [56] M. Steinder and A. Sethi. The present and future of event correlation: A need for end-to-end service fault localization. In *Proceedings of 2001 World Multi-Conference on Systemics, Cybernetics and Informatics*, 2001.
- [57] M. Steinder and A. Sethi. Probabilistic fault localization in communication systems using belief networks. *IEEE Transaction on Networking*, 12(5):809-822, 2004.
- [58] J. Takeuchi and A. Barron. Asymptotically minimax regret with Bayes mixture. In *Proceedings of 1998 IEEE International Symposium on Information Theory*, 1998.
- [59] J. Takeuchi and K. Yamanishi. A Unifying framework for detecting outliers and change points from time series. *IEEE Transaction on Knowledge and Data Engineering*, 18(4):482-492, 2006.
- [60] R. Vaarandi. A data clustering algorithm for mining patterns from event

logs. In *Proceedings of 2003 IEEE Workshop on IP Operations & Management (IPOM03)*, 2003.

[61] R. Vaarandi. Sec - a lightweight event correlation tool. In *Proceedings of 2002 IEEE Workshop on IP Operations & Management (IPOM02)*, 2002.

[62] A. J. Viterbi. Error bounds for convolutional codes and an asymptotically optimum decoding algorithm. *IEEE Transaction on Information Theory*, IT-13:260-267, 1967.

[63] K. Yamanishi. A learning criterion for stochastic rules. *Machine Learning*, 9:165-203, 1992.

[64] K. Yamanishi. A decision-theoretic extension of stochastic complexity and its application to learning. *IEEE Transaction on Information Theory*, IT-44:1424-1439, 1998.

[65] K. Yamanishi. Minimax relative loss analysis for sequential prediction algorithms using parametric hypotheses. In *Proceedings of Computational Learning Theory '98*, ACM Press, pp.32-43, 1998.

[66] K. Yamanishi. Extended stochastic complexity and its applications to learning. In *Advances in Minimum Description Length: Theory and Applications*, P.D. Grunwald, I.J. Myung, and M.A. Pitt (eds.), MIT Press, 2005.

[67] K. Yamanishi and Y. Maruyama. Dynamic syslog mining for network failure monitoring. In *Proceedings of the Eleventh ACM SIGKDD International Conference on Knowledge Discovery and Data Mining (KDD05)*, ACM Press, pp.499-508, 2005.

[68] K. Yamanishi and Y. Maruyama. Dynamic model selection with its applications to novelty detection. *IEEE Transactions on Information Theory*, 53(6):2180-2189, 2007.

[69] K. Yamanishi and J. Takeuchi. Discovering outlier filtering rules from unlabeled data. In *Proceedings of the Seventh ACM SIGKDD International Conference on Knowledge Discovery and Data Mining (KDD01)*, ACM Press, pp.389-394, 2001.

[70] K. Yamanishi and J. Takeuchi. A unifying framework for detecting outliers and change-points from non-stationary time series data. In *Proceedings of the Ninth ACM SIGKDD International Conference on Knowledge Discovery and Data Mining (KDD03)*, ACM Press, pp.676-681, 2003.

[71] K. Yamanishi, J. Takeuchi, G. Williams and P. Milne. On-line unsupervised oultlier detection using finite mixtures with discounting learn-

ing algorithms. In *Proceedings of the Sixth ACM SIGKDD International Conference on Knowledge Discovery and Data Mining (KDD00)*, pp.320-324, ACM Press, 2000.

[72] K. Yamanishi, J. Takeuchi, G. Williamas, and P. Milne. On-line unsupervised oultlier detection using finite mixtures with discounting learning algorithms. *Data Mining and Knowledge Discovery Journal*, 8(3):275-300, 2004.

[73] T. Yatagai, T. Isohara and I. Sasase. Detection of HTTP-GET flood attack based on analysis of page access behavior. In *Proceedings of IEEE Pacific Rim Conference on Communications, Computers and Signal Processing (PACRIM2007)*, 2007.

[74] S. A. Yemini, S. Kliger, E. Mozes, Y. Yemini, and D. Ohsie. High speed and robust event correlation. *IEEE Communications Magazine*, 34(5):82-90, 1996.

[75] J. Ziv and A. Lempel. Compression of individual sequences via variable-rate coding. *IEEE Transaction on Information Theory*, IT-24:530-536, 1978.

[76] J. Ziv. On classification with empirically observed statistics and universal data compression. *IEEE Transaction on Information Theory*, IT-34:278-286, 1988.

[77] 赤池, 甘利, 北川, 樺島, 下平（著）／室田, 土谷（編）. 赤池情報量規準 AIC －モデリング・予測・知識発見－. 共立出版, 2007.

[78] 赤池, 北川（編）. 時系列解析の実際 I, II. 朝倉書店, 1994, 1995.

[79] 尾崎, 北川（編）. 時系列解析の方法. 朝倉書店, 1998.

[80] 武田, 磯崎. ネットワーク侵入検知―不正侵入の検出と対策. ソフトバンククリエイティブ, 2000.

[81] 広瀬, 山形, 山西, 岩井. SQL インジェクション攻撃検知の為のアクセスログマイニング. 第 7 回情報科学技術フォーラム (FIT2003) 予稿集, 2008.

[82] 松永, 山西. 情報理論的手法に基づく異常行動検出. 第 2 回情報科学技術フォーラム (FIT2003) 予稿集（情報技術レターズ）, pp.123-124, 2003.

[83] 村瀬, 藤原, 福島, 小林, 横平. 同時多発する未知イベントに対する情報集約による偽陽性アラート排除検知方法の性能評価. 電子情報通信学会 情報通信システムセキュリティ時限研究専門委員会 研究会 (ICSS) 技術報告, ICSS2006-16, 2007 年 2 月.

[84] 山西, 竹内, 丸山. 統計的異常検出 3 手法. 情報処理, 46(1), 2005.

[85] 山西, 竹内, 丸山. 第 19 回先端技術大賞応募論文「データマイニングに基づくセキュリティインテリジェンス技術の研究開発」. http:/www.business-i.jp/sentan/jushou/2005/nec.pdf

[86] 山西健司. データマイニングの情報セキュリティへの応用. 人工知能学会誌, 21(5):571-576, 2006.
[87] 李, 小柴 (編). 〈特集〉情報論的学習理論とその応用. 情報処理, 42(1), 2001
[88] http://kdd.ics.uci.edu/databases/kddcup99/kddcup99.html
[89] http://lib.stat.cmu.edu/jasasoftware/

索引

【欧文】

AccessTracer 62

AUC(Area Under its Corresponding curve) 112

ChangeFinder 48

DDOS 攻撃 (Distributed Denial of Service attack) 56

DoS 攻撃 (Denial of Service attack) 3

EM アルゴリズム (Expecation and Maximization (EM) algorithm) 21, 119

Kullback-Leibler ダイバージェンス (Kullback-Leibler divergence) 107

LOF (Local Outlier Factor) 44

MDL アルゴリズム (MDL algorithm) 128

MDL (Minimum Description Length) 原理 36, 38

MINDS (MINnesota INtrusion Detection System) 34

Minimum L-Complexity アルゴリズム 141

Mixture 形式の確率的コンプレキシティ (Mixture-type stochastic complexity) 139

SDAR (Sequentially Discounting AR model learning) アルゴリズム 49

SDEM (Sequentially Discounting Expectation and Maximizing) アルゴリズム 16

SDHM (Sequentially Discounting Hidden Markov mixture learning) アルゴリズム 63, 68

SDLE (Sequentially Discounting

Laplace Estimation) アルゴリズム　16
SDPU (Sequentially Discounting Prototype Updating) アルゴリズム　25
SmartSifter　15
SQL インジェクション (SQL injection)　93, 97
TOPIX(Tokyo Stock Price Index)　57
Web 攻撃 (Web attack)　93
Yule-Walker の方程式 (Yule-Walker equation)　52

【ア行】

後処理 (post-processing)　158
アンサンブル学習 (ensemble learning)　32
異常アクセススコア (anomalous access score)　96
異常行動検出 (anomalous behavior detection)　59
異常度スコア (anomaly score)　156
異常トラフィックスコア (anomalous traffic score)　96
一括型学習 (batch learning)　127
一括型学習アルゴリズム (batch-learning algorithm)　142
一括型動的モデル選択規準 (batch DMS criterion)　72
一括型動的モデル選択 (batch DMS)　71
インクリメンタル EM アルゴリズム (incremental EM algorithm)　21
オンライン忘却型アルゴリズム (online discounting learning algorithm)　16, 123

【カ行】

ガウス混合モデル (Gaussian mixture model)　16
カウントベクトル (count vector)　94
拡張型確率的コンプレキシティ (Extended Stochastic Complexity; ESC)　38, 41, 141
確率的決定リスト (stochastic decision list)　36
確率的コンプレキシティ (Stochastic Complexity; SC)　38, 131
確率的予測アルゴリズム (stochastic prediction algorithm)　134
確率分布 (probability distribution)　8
確率モデル (probabilistic model)　8
隠れ変数 (hidden variable)　101
隠れマルコフモデル (Hidden Markov Model; HMM)　104
——の混合分布　63
仮説空間 (hypothesis class)　134, 142
カーネル混合分布 (kernel mixture distribution)　24
刈り込み (pruning)　39
機械学習 (machine learning)　2
記述長最小規準 (Minimum Description Length (MDL) criterion)　127
教師あり学習 (supervised learning)　12
教師なし学習 (unsupervised learn-

ing) 13
クラスタ (cluster) 104
クラフトの不等式 (Kraft's inequality) 128
グローバル検知器 (global detector) 57

検出遅延限界 (detection delay limit) 98
検出利得 (benefit) 98

攻撃 (attack) 27
語頭符号 (prefix coding) 127
混合隠れマルコフモデル (Hidden Markov Model mixture) 64, 104
コンピュータウイルス (computer virus) 3

【サ行】
最尤推定 (maximum likelihood estimation) 20
最尤推定値 (maximum likelihood estimate; MLE) 20
詐欺 (fraud) 7, 29
算術符号化 (arithmetic coding) 127
ジェフリーズの事前分布 (Jeffereys' prior) 139
時系列モデルの 2 段階学習 (two-stage learning of time series models) 48
自己回帰モデル (auto regression model) 47
自己共分散関数 (autocovariance function) 52
自己組織化マップ (self-organizing map) 25

シャノン情報量 (Shannon information) 17
シャノンの第 1 符号化定理 (Shannon's 1st coding theorem) 127
集合型アルゴリズム (aggregating algorithm) 145
集合型異常検知 (aggregative anomaly detection) 93
障害 (failure) 5
状態 (status) 105
状態確率 (state probability) 70
情報流出 (information leakage) 3
情報論的学習理論 118
署名ベース法 (signature-based method) 3
侵入 (intrusion) 11, 27

正規化最尤分布 (normalized maximum likelihood distribution) 129
成長 (growing) 39
セッションの量子化 (session quantization) 89
潜在空間 (latent space) 101
潜在的な異常 (latent anomaly) 101, 105
潜在変数 (latent variable) 101
総コンプレキシティ (total complexity) 41
属性 (feature) 16

【タ行】
対数損失 (logarithmic loss) 134
ダイナミック (dynamic) 82
多項式回帰モデル (polynomial regression model) 47
短期モデル (short term model) 126

逐次型動的モデル選択 (sequential DMS) 71
逐次型予測アルゴリズム (sequnetial prediction algorithm) 143
逐次的符号化 (sequential coding) 134
中央値 (median) 14
長期モデル (long term model) 126
データマイニング (data mining) 1
統計的異常検知 (statistical anomaly detection) 8
統計的検定に基づく方式 (statistical testing based method) 46
統計的モデル (statistical model) 8
統計的リスク (statistical risk) 132, 142
統合スコア (aggregated score) 96
動的モデル選択 (Dynamic Model Selection; DMS) 70, 146
動的モデル選択規準 (Dynamic Model Selection (DMS) criterion) 64, 147
特徴ベクトル (feature vector) 156

【ナ行】

ナイーブベイズ法 (Naïve Bayes method) 60
なりすまし (masquerade) 3, 60
なりすまし検出 (masquerade detection) 59
2段階符号化 (2 step coding) 127
ネットワーク異常検知 (network-type anomaly detection) 155

ノンパラメトリック法 (non-parameteric Method) 24

【ハ行】

外れ値 (outlier) 13
外れ値検出 (outlier detection) 13
外れ値フィルタリングルール (outlier filtering rule) 34
バギング (bagging) 32
汎化損失 (generalization loss) 142
ヒストグラム型の確率密度関数 (histogram density) 16
歪なし情報源符号化 (noiseless coding) 127
フィッシャー情報行列 (Fisher information matrix) 130
プロトタイプ (prototype) 24
分割コンプレキシティ (splitting complexity) 39
平滑化 (smoothing) 50
平均利得 (average benefit) 97
ベイズ予測符号化 (Bayesian predictive coding) 139
ヘリンジャースコア (Hellinger score) 17
変化点 (change point) 45
変化点検出 (change point detection) 45
忘却パラメータ (discounting parameter) 20, 21, 53

【マ行】

前処理 (pre-processing) 158
マハラノビス距離 (Mahalanobis distance) 14
マハラノビス距離に基づく外れ値検出 (Mahalanobis-distance

based outlier detection) 13

ミニマックスリグレット (minimax regret) 135, 144

メタな意味情報 (meta semantic information) 101

メンバーシップ確率 (membership probability) 68

モデル遷移確率 (model transition probability) 72

モデル選択 (model selection) 127

モデル変動ベクトル (model variation vector) 106

【ヤ行】

有限分割型の確率的規則 (stochastic rules with finite partitioning) 133

尤度関数 (likelihood function) 20

ユニバーサル統計検定量 (universal test statistics) 76

予測損失 (instantaneous prediction loss) 144

予測的 MDL 規準 (predictive MDL criterion) 71

予測的 MDL 原理 (predictive MDL principle) 136

予測的確率的コンプレキシティ (predictive stochastic complexity) 71, 136

予測符号化 (predictive coding) 136

【ラ行】

ラプラス推定 (Laplace estimation) 20, 61

離散化 (discretization) 38

累積対数損失 (cumulative logarithmic loss) 134

累積予測損失 (cumulative prediction loss) 144

ローカル検知器 (local detector) 57

【ワ行】

ワーストケースのリグレット (worst-case regret) 134

MEMO

MEMO

MEMO

MEMO

MEMO

著者紹介

山西健司（やまにし けんじ）

1987年　東京大学工学系大学院計数工学専門課程 修士課程修了
1987年-2008年　NEC 中央研究所にて機械学習，データマイニング，テキストマイニング，情報理論の研究開発に従事
1992年-1995年　NEC Research Institute, Inc. (U.S.A) に Visiting Scientist として出向
2002年-2008年　NEC 主席研究員
現　在　東京大学大学院情報理工学系研究科数理情報学専攻 教授，博士（工学）
専　攻　学習数理情報学（情報論的学習理論，機械学習，データマイニング）
著　書　言葉と心理の統計学（岩波書店，共著）
　　　　Advances in Minimum Description Length（MIT Press, 共著）

データマイニングによる異常検知

Anomaly Detection with Data Mining

2009年5月25日　初版1刷発行
2016年5月20日　初版4刷発行

著　者　山西健司　© 2009
発行者　南條光章
発行所　共立出版株式会社
　　　　東京都文京区小日向 4-6-19
　　　　電話　03-3947-2511（代表）
　　　　郵便番号 112-0006 ／振替口座 00110-2-57035
　　　　URL http://www.kyoritsu-pub.co.jp/

印　刷　啓文堂
製　本　ブロケード

検印廃止
NDC 007.58
ISBN 978-4-320-01882-2

一般社団法人 自然科学書協会 会員

Printed in Japan

JCOPY　＜出版者著作権管理機構委託出版物＞

本書の無断複製は著作権法上での例外を除き禁じられています．複製される場合は，そのつど事前に，出版者著作権管理機構（TEL：03-3513-6969，FAX：03-3513-6979，e-mail：info@jcopy.or.jp）の許諾を得てください．

● 中学・高校から大学までの標準的で重要性の高い用語約6,600項目を網羅！

数学小辞典 第2版

矢野健太郎 編／東京理科大学数学教育研究所「第2版」編集

初版刊行から40年を超えて数多くの読者に支持されてきたロングセラー書を東京理科大学数学教育研究所の総力を挙げて編纂した待望の改訂第2版。第2版では，この時代の要請に応えるべく，初版の項目を取捨選択し，現在の数学の表現へ改訂するとともに，初版刊行以後の新しい数学用語を精選吟味のうえ掲載し，全面見直しを行った。利用者にとって知りたい用語が引きやすい「五十音小項目主義」を堅持し，簡潔で正確な解説を提供することをモットーとした。また，初版の特色でもある，身近な数にまつわる言葉や，東西の数学史，各種単位の解説も引き続き掲載しており，読んで楽しめる辞典にもなっている。　〔日本図書館協会選定図書〕

B6判・848頁
上製函入装丁
本体5,500円（税別）

● 数学の諸概念を色彩豊かに図像化！

カラー図解 数学事典

Fritz Reinhardt・Heinrich Soeder 著／Gerd Falk 図作
浪川幸彦・成木勇夫・長岡昇勇・林 芳樹 訳

ドイツの Deutscher Taschenbuch Verlag 社の『dtv-Atlas 事典シリーズ』は見開き2ページで1つのテーマが完結するように構成されている。右ページに本文の簡潔で分かり易い解説を記載し，かつ左ページにそのテーマの中心的な話題を図像化して表現し，本文と図解の相乗効果で理解をより深められるように工夫されている。これは，他の類書には見られない dtv-Atlas 事典シリーズに共通する最大の特徴と言える。本書は，このシリーズのラインナップ『dtv-Atlas Mathematik（Band1,2）』の日本語翻訳版である。フルカラーのイラストを挿入し，数学の諸概念を網羅的に分かり易く解説している。

菊判・508頁
ソフト上製
本体5,500円（税別）

● 高校数学の範囲から数学および物理の専門分野までの公式を幅広く網羅！

数学公式ハンドブック

Alan Jeffrey 著／柳谷 晃 監訳／穴田浩一・内田雅克・柳谷 晃 訳

公式集がひとつの公式を載せるとき，その公式が多くの別の公式を含むような，なるべく一般的な形で表記する。しかし，この公式集は数学や物理の専門外の方にも使いやすくするために，重複を恐れずパラメータの形が変われば，別の公式として並べてある。そのために，読者は自分が直接使える形で必要な公式を探すことができる。あくまでも使う方の便宜を考え，若干冗長になることを恐れずに，使いやすい形で公式を並べることを優先してある。翻訳書なので，日本では馴染みのない表記が出てくる場合もあるが，その場合は必ず日本で普通に使われている表記に直した形も明示するようにした。

■ ポケット版〔日本図書館協会選定図書〕：B6判・本体3,500円（税別）■

B5変型判・544頁
ソフト上製
本体5,000円（税別）

共立出版

http://www.kyoritsu-pub.co.jp/　　（価格は変更される場合がございます）